스파이더맨

내게 화학을 알려줘

스파이더맨, 내게 화학을 알려줘

초판 1쇄 2020년 6월 25일
초판 3쇄 2021년 6월 10일

지은이 닥터 스코

출판책임	박성규	펴낸이	이정원
편집주간	선우미정	펴낸곳	도서출판 들녘
디자인진행	한채린	등록일자	1987년 12월 12일
편집	이동하·이수연·김혜민	등록번호	10-156
본문삽화	성수	주소	경기도 파주시 회동길 198
디자인	김정호	전화	031-955-7374 (대표)
마케팅	전병우		031-955-7376 (편집)
경영지원	김은주·나수정	팩스	031-955-7393
제작관리	구법모	이메일	dulnyouk@dulnyouk.co.kr
물류관리	엄철용	홈페이지	www.dulnyouk.co.kr

ISBN 979-11-5925-557-1 (44400)
979-11-5925-556-4 (세트)
CIP 2020023137

이 도서의 국립중앙도서관 출판예정도서목록(CIP)은
서지정보유통지원시스템 홈페이지(http://seoji.nl.go.kr)와
국가자료공동목록시스템(http://www.nl.go.kr/kolisnet)에서 이용하실 수 있습니다.

값은 뒤표지에 있습니다. 잘못된 책은 구입하신 곳에서 바꿔드립니다.

스파이더맨 내게 화학을 알려줘

닥터 스코 지음

푸른들녘

스파이더맨을 사랑하는 대한민국 청소년들에게

엑셀시오르 에브리원!(Excelsior, everyone!)

스파이더맨을 사랑하는 대한민국의 청소년 여러분 반갑습니다.

저로 말씀을 드리자면 여러분과 같은 스파이더맨의 골수팬 중 하나이자 조그마한 대한민국 땅에서 과학 전공자랍시고 이곳저곳 들쑤셔가며 아는 척 좀 하는 괴짜 과학자 중 한 사람입니다.

취미라고 한다면 내면의 괴짜력을 고스란히 대한민국의 미래이자 희망인 청소년들에게 심어주기, 그리고 글을 끼적거리는 것 정도라고나 할까요? 몸속의 피, 보다 정확히는 몸속에서 아는 척하고 싶어 하는 기운이 들끓어오를 때마다 컴퓨터 앞에 몇날 며칠이고 앉아 있기를 자처하는 게 저의 유일한 낙입니다. 지각 속에서 뜨거운 마그마가 꿈틀대는 상황을 떠올려보면 제 모습이 딱 그려질 겁니다.

사실 마그마라고 하는 녀석은 주변 환경이 허락만 한다면 밖으로 튀어 오르고 싶어 하기 마련입니다. 우리는 이러한 상황을 가리켜 '화산 폭발'이라고 부르죠. 그런데 이미 알려졌다시피 화산 폭발은 한순간에 일어나지 않습니다. 꾸준한 변화와 충격들이 쌓이고 쌓여야 가능한 자연 현상입니다.

최근 몇 년간, 제 내면의 '아는 척 마그마'가 왠지 모르게 꾸준히 끓어오르더군요. 꿈틀거리는 주기는 대략 1~2년에 한 번 꼴이었습니다. '내가 왜 이러지?'라는 의문이 든 기간만 해도 10여 년. 2017년 7월의 무더운 어느 날, 저는 마침내 그 이유를 찾아냈습니다. 맞습니다. 2017년 7월은 스파이더맨이 어머니의 품인 MCU로 돌아와 첫 단독 영화를 개봉한 때입니다. 이를 기점으로 내면의 꿈틀거림은 더욱 거세어졌고, 폭발이 얼마 남지 않았다는 걸 느낄 수 있었습니다.

그로부터 2년이 더 지난 2019년 8월 21일. 전 세계를 후끈 달아오르게 만든 뉴스 기사가 하나 등장합니다. 기사의 제목은 '스파이더맨, 2년간의 짧은 MCU(Marvel Cinematic Universe) 편입 기간을 끝마치고 다시 소니 픽처스(Sony Pictures)의 품으로 돌아간다'였습니다. 펑! 내면의 마그마를 감싸고 있던 지각이 쩍쩍 갈라지는 순간이었습니다. 그런데 이런 느낌을 받은 사람이 저 혼자만은 아니었나 봅니다. MCU 소속 히어로들과의 단체 샷을 또다시 볼 수 없게 되었다는 실망감은 소니의 주주들 마음속을 지배했고, 이로 인해 주식의 대량 매도 현상이 발생한 겁니다. 자연히 소니(Sony)의 주가는 급격히 폭락했습니다.

더 이상은 지체할 수 없었습니다. 소니로 돌아가기 전, 스파이더맨의 능력을 업그레이드시켜 줄 수 있는 묘책을 정리해야만 했습니다.

여태까지의 경험으로 미루어 판단하건대, 다시 돌아가게 된다면 영화 수익은 지금의 절반 이하로 뚝 떨어지게 될 게 뻔해 보였거든요. 이에 발맞춰 동반 하락한 스파이더맨과 팬들의 사기는 누가 책임지느냐 이 말입니다.

가만히 놔둘 수는 없었습니다. 팬으로서 할 수 있는 일은 단 한 가지. 스파이더맨의 능력이 지금보다 향상될 수 있는 방법을 정리하여 저와 같은 스파이더맨 팬들과 공유하는 것뿐이었죠. 운이 좋아 영화 제작자들에게까지 이 글이 닿아 스파이더맨 능력의 업그레이드를 꿈꾸는 시나리오에 조금이나마 보탬이 된다면 저로서는 그 이상 바랄 게 없다고 판단했습니다.

스파이더맨에 얽힌 과학 이야기를 끝내야만 한다는 사명감은 다시금 저를 컴퓨터 앞의 죽돌이로 만들었습니다. 소니로 넘어갈 때 가더라도 스파이더맨이 MCU의 수장이 되는 모습을 꼭 한 번 봤으면 좋겠다는 바람 때문이었죠.

이 글에서 소개하는 바는 모두가 화학공학을 전공한 박사 학위자의 관점에서 유심히 관찰한 요소들로 이루어져 있습니다. 아무래도 스파이더맨의 능력 대부분이 저의 백그라운드와 밀접한 연관성이 있다 보니 저절로 관심이 가게 되더군요. 물론 우리의 히어로는 이미 여러 화학 이론에 정통한 미드타운 과학고등학교(Midtown School of Science and Technology)의 수재이기에 저의 도움 따위는 필요 없다고 여길지도 모르지만요.

이 글은 1960년대 데뷔한 올드(old)한 히어로와 그를 사랑하는 여러분에게 과학 기술의 최신 트렌드를 소개해주려는 목적을 가지고 쓰였습니다. 데뷔한 지 50년도 더 지난 지금까지 활발하게 논문을 읽고 공부한다는 건 사실 상상하기 어렵거든요. 게다가 우리의 바쁘신 히어로가 최신 트렌드를 따라갈 시간이 또 어디 있겠습니까? 〈스파이더맨: 홈커밍(2017)〉에서도 너무 바쁜 나머지 워싱턴 학력경시대회조차 참석하지 못했잖아요. 고달픈 영웅의 삶을 택한 자의 숙명이겠지만, 팬의 입장으로서는 눈물이 강을 이루지 않을 수 없습니다.

저의 미력한 행동이 대한민국의 미래를 책임질 여러분들의 마음속에 화학, 더 나아가서는 과학이라는 학문에 대한 씨앗으로 작용한다면 저로서는 더할 수 없는 영광이겠습니다. 여러분이 만약 우리의 히어로, 스파이더맨과 함께 최신 과학 트렌드의 아름다움을 받아들일 준비가 되었다면 주저하지 말고 이 책의 첫 페이지를 열어주시기 바랍니다. 아 참, 마블 영화에서 놓칠 수 없는 재미가 쿠키영상 보는 거잖아요? 이 책에도 완소 쿠키 자료가 있답니다. 그중에서 〈닥터 스코의 실험실〉이 특히 흥미로울 텐데요. 이 책의 앞날개와 210쪽에 있는 QR코드를 스캔하면 실험 영상을 확인할 수 있어요. 독자 여러분께 감사의 인사를 전하며,

보다 더 높게 날아봅시다!

엑셀시오르(Excelsior)!

스파이더맨보다 메이 숙모를 더욱 사랑하는

닥터 스코

차 례

SEQUENCE 3

수트와 함께 엑셀시오르

완소 쿠키 자료

SEQUENCE 1

거미줄 용액의 비밀과 진실

SCENE 01

<스파이더맨> 3부작의 사소한 오류

산책하던 중에 나뭇가지에 붙어 있던 거미줄에 얼굴이 닿으면 정말 싫습니다. 저도 모르게 두 눈을 질끈 감고 퉤퉤거리는 시늉을 하게 됩니다. 거미가 익충(益蟲)이라는 것도 배웠지만 싫은 건 어쩔 수가 없잖아요. 이따금 베란다 난간이나 놀이터 정자 꼭대기 거미줄에 걸린 먹잇감들을 보면 또 기분이 별로 좋지 않아요. 거미한테 고맙다는 마음이 들기보단 '얄미운 놈'이라는 생각이 먼저 듭니다.

그런데 우리가 지금부터 이야기하게 될 '특수 거미줄'은 사정이 아주 많이 다릅니다. 이 거미줄로 말하자면 '마블 시네마틱 유니버스(MCU; Marvel Cinematic Universe)'+의 원조 과학 히어로 토니 스타크++의 까다로운 심사를 거쳐 간택을 받는 데 성공했는데요. 그만큼 결정적인 한 방을 갖고 있다는 뜻입니다. 무려 중딩 유튜버에게 전투 앞잡이라는 굴레를 씌워준 토니 스타크는 이 독특하고 대단한 거미줄의 가치를 무엇보다도 높이 샀습니다. 살생은 하지 않으면서도 상대방을 옴짝달싹할 수 없게 만드는 그것. 토니 스타크가 생각하기에 이 거미줄은 '가장 완벽한 무기'였습니다.

토니는 〈캡틴 아메리카: 시빌 워(2016)〉에서 의도치 않게 반대편에 서게 된 옛 동료들을 제압하는 데 천재 소년의 거미줄만 한 것이 없다고 판단합니다. 그래서 마블의 제작진들을 설득하여 '12세 이상 관람가'에 걸맞은 장면들을 이끌어냈고, 마침내 전 세계의 수많은 미성년자들은 너 나 할 것 없이 제 또래가 출연하는 '착한 히어로물'을 관람하기 위해 영화관을 찾게 되지요. 그러니까 스파이더맨이 만들어낸 인공 거미줄은 '선량한 무기'이자 MCU에 돈 폭탄을 안겨준 '은혜로운 무기'인 셈이었습니다.

2002년부터 2007년까지 5년이라는 짧은 기간 동안 소니 픽처스에서 세 편이나 찍어낸 샘 레이미(Sam Raimi) 감독은 〈스파이더맨 트릴로지(1, 2, 3)〉 시리즈를 통해 손목 내에서 자체 생산된 '생체 거미줄'이라는 가당

+ 닥터 스코의 시크릿 노트

마블 코믹스의 만화를 마블 스튜디오가 제작하는 슈퍼히어로 영화는 다들 알고 있지? 마블 시네마틱 유니버스란 이런 영화를 중심으로 드라마나 만화, 혹은 기타 작품을 공유하는 가상의 세계관을 말해. 참고로 2018년에 발표된 마블 스튜디오의 10주년 타임라인을 알려줄게.

1943–1945 퍼스트 어벤져
2010 아이언맨
2011 아이언맨 2, 토르
2012 어벤져스, 아이언맨 3
2013 토르: 다크 월드
2014 캡틴 아메리카: 윈터 솔져, 가디언즈 오브 더 갤럭시, 가디언즈 오브 더 갤럭시 Vol. 2
2015 어벤져스: 에이지 오브 울트론, 앤트맨
2016 캡틴 아메리카: 시빌 워
2016–2017 닥터 스트레인지
2017 블랙 팬서, 토르: 라그나로크, 어벤져스: 인피니티 워

++ 스파이더맨이 존경해마지 않는 토니 스타크는 부유한 사업가이자 기발한 천재 공학자야. 대량살상무기를 만들던 중 납치를 당해 가슴에 심각한 부상을 입었지만 자신의 목숨을 살릴 수 있는 원자로 수트를 입고 탈출에 성공하지. 그런 다음 '스타크 인더스트리'에서 디자인한 무기와 엄청난 기술적 장치들을 수트에 장착하여 '아이언맨'을 탄생시켜. 작가 스탠 리는 초기에 아이언맨을 냉전과 관련시켰지만 점차 주제를 돌려 테러리즘과 회사 범죄를 다뤘어. 아이언맨은 IGN의 2011년 '100대 만화 영웅들'에서 12위를 차지했고, 2012년에는 '어벤져스 50명' 중 3위를 차지했어.

⬆ 아이언맨(Iron Man at Madame Tussauds London, July 17, 2019.)

⬆ 네덜란드 헤이그 베르호프가의 담벼락에 붙은 스파이더맨 그림 (FaceMePLS, CC BY 2.0)

치도 않은 콘셉트로 전 세계 팬들을 혼란에 빠뜨렸습니다.

사실 만화 원작이나 다른 영화 시리즈들에서는 '생체 거미줄'에 대해서 일언반구도 하지 않습니다. 'The Spectacular Spider-Man(disassembled)' 시리즈(한국말로 번역해보자면 '눈부신 스파이더맨-해체의 수순을 밟다' 정도 될까요?)에서 잠시 다루는 '거미줄 자연 발생 능력'을 잠시 논외로 친다면 말입니다.

생각해보세요. 몸에서 거미줄이 알아서 생산되는 피터 파커라니. 이미 나이가 꽉 들어찬 여러분이라면 비싼 돈 주고 구연동화에나 나올 법한 이야기를 구입하겠습니까? 더욱이 출판사 측에서도 폭력이 난무하는 내용을 어린 고객들에게 소개하는 것보다는 청소년 고객들을 상대로 하는 편이 이래저래 더 나은 상황이니 아무래도 보다 현실적인 '인공 거미줄'을 선택했을 겁니다. 물거미, 게거미, 깡충거미, 농발거미처럼 '거미줄 생산 능력을 얻지 못한 거미 인간'이라는 콘셉트를 채택한 것이지요. 자신이 갖지 못한 능력에 대한 아쉬움과 좌절보다는 알아서 자기 인생을 개척해나간다…… 이 얼마나 교훈적인 이야기입니까?

'인공거미줄'이야말로 도전정신과 개척정신으로 중무장한 피터 파커가 자신의 단점을 극복해낸 대표적인 사례 아니겠습니까?

또한, 인공 거미줄은 스파이더맨의 시그니처+ 포즈를 이끌어내는 데에도 지대한 영향을 끼쳤습니다. 바로 세 번째와 네 번째 손가락을 구부리는 것인

+ 닥터 스코의 시크릿 노트

대표적인, 상징적인 뭐 그런 뜻이야. 원래 사인이란 말인데, 요즘에는 누구누구의 대표 메뉴, 대표 상품을 뜻하는 말로 더 많이 쓰이지.

물거미(CC BY-SA 3.0)

농발거미(©2017 Jee & Rani Nature Photography, CC BY-SA 4.0)

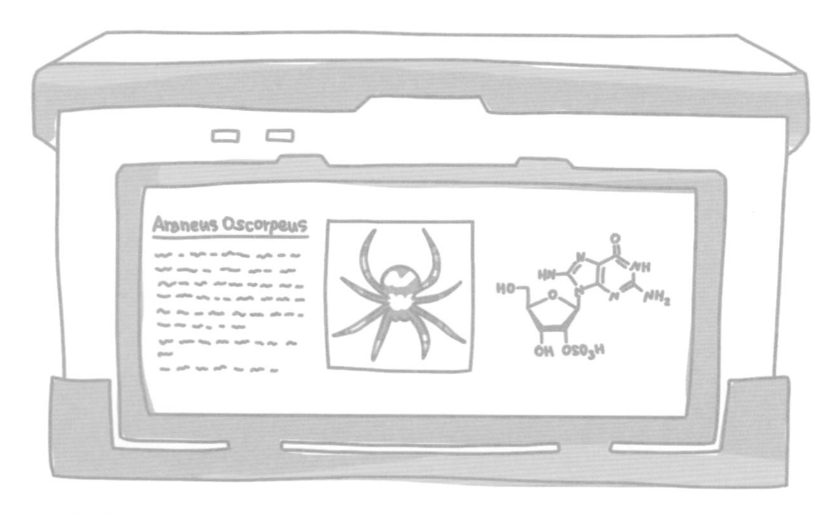

⬆ 〈어메이징 스파이더맨2〉에 등장하는 가상의 거미와 거미줄의 분자구조

데요. 스파이더맨은 멋지게 보이려고 이런 제스처를 취했을까요? 아닙니다. 이 멋진 동작에는 비밀이 있습니다. 이 동작은 바로 손바닥 안에 숨겨놓은 인공 거미줄의 발사 스위치를 누르기 위한 애처로운 몸부림이었습니다. 동시에 전투할 때 필요한 각종 도구를 붙잡는 데는 별로 도움이 되지 않는 손가락들에게 맡겨진 놀랍고 멋진 그리고 중대한 임무이기도 했습니다.

어쨌거나 '인공 거미줄' 대신 '생체 거미줄'을 선택한 샘 레이미 감독은 스파이더맨에게 폼 잡기 좋아하는 '손가락 세팅남'의 이미지를 덧씌우게 되었고, 그 바람에 피터 파커의 과학적인 능력은 꽁꽁 숨어버리는 결과를 초래하고 말았습니다. 이로써 〈스파이더맨 3부작〉 시리즈는 거미줄의 화려한 등장을 목표로 열심히 연구했던 피터의 노력

▲ 스파이더맨의 시그니처 포즈

을 본의 아니게 감추게 됩니다.

그의 진정한 무기인 '천재적인 지적 능력'이 등장하지 않았기에 〈스파이더맨 3부작〉 시리즈는 아무리 내용의 흐름이 원작과 비슷하다고 해도 또 캐릭터들의 특징이 만화 원작의 내용을 충실히 따랐다고 해도 '겉만 번지르르한' 영화에 지나지 않습니다.

SCENE 02

토니 스타크의 원픽(one pick)은 누구일까?

"나? 스타크 인턴쉽에 참여하는 사람이야!"

〈스파이더맨: 홈커밍(2017)〉에서 피터 파커는 주변 친구들에게 당당히 자신이 인턴임을 소개했습니다. 그는 자신이 비록 예비 멤버이긴 해도 최연소 어벤져스 일원이 된 것을 내심 자랑스러워했습니다. 실은 밤낮을 가리지 않고 '언제쯤 나를 불러줄까?' 하면서 어벤져스 총대장의 부름을 기다리고 있었으니까요. 그러다 결국 팀에 합류하게 되었으니 그 기쁨이 엄청났을 겁니다.

피터는 자기 자신을 '수트발'로 먹고사는 꼬맹이 히어로쯤으로 생각했습니다. 언제 강제 퇴장을 당할지 몰라 불안해하고 있었어요. 스타크 인턴쉽에 들어갔다는 사실만으로 기뻐하는 것도 잠시, 주변의 슈퍼 히어로들을 볼 때마다 비교의식이 발동해서 마음이 편하지 못했습니다. 외형만 봐도 기가 죽는 아이언맨, 대장의 오라가 넘치는 캡

+ 닥터 스코의 시크릿 노트

MCU에 등장하는 슈퍼히어로 중 대장이야. 비브라늄으로 제작된 별이 그려진 있는 둥근 방패를 들고 다니지. 비브라늄은 'vibration(진동)'이라는 단어를 기반으로 만들어진 가상의 물질이야. 영화에서는 상대의 진동에너지를 흡수하여 본인의 힘을 증폭시키는 금속으로 등장하지. 아주 탐나는 물건이야. 어벤져스의 리더인 그는 슈퍼 솔져 혈청(피가 엉기어 굳을 때에 혈병에서 분리되는 황색의 투명한 액체. 면역항체나 각종 영양소, 노폐물을 함유)을 주입받아 인간의 능력을 초월하는 초인으로 재탄생해. 외모도 멋지고 정의롭고 책임감이 엄청난 히어로야. 물론 고난도 많이 겪었지. 슈퍼 솔져 프로젝트에 스카웃되어 캡틴 아메리카로 재탄생했다가 사고로 추락해 냉동인간이 되거든. 물론 21세기에 다시 깨어났지만!

++ 마블 코믹스에서 출간한 만화책에 등장하는 슈퍼히어로야. 본명은 제임스 뷰캐넌 반스. 비행기 폭파 사고로 죽었다고 알려졌지만 살아 돌아와 윈터 솔져가 되었고, 심지어 스티브 로저스가 죽은 다음 캡틴 아메리카가 되지.

틴, 발차기 잘하는 멋진 누나 블랙위도우, 아무리 봐도 전생에 독수리였을 팔콘, 활 하나로 악당들을 재패하는 호크아이 등 절로 고개가 숙여지는 히어로들과 비교할 때 거울에 보이는 자신의 모습은 아직 앳된 청소년에 불과했으니 말입니다. 도무지 믿음이 가지 않았던 것입니다.

솔직히 툭 터놓고 이야기해볼까요? 스파이더맨의 순수 신체 능력은 강화인간인 캡틴 아메리카+와 윈터 솔져++를 살짝 능가하는 정도입니다. 근육 빵빵하신 할아버지들 두 분보다 한 수 위 정도에 지나지 않아요. 골밀도로 보나 유연성으로 보나 할아버지들보다 조금 더 나았을 겁니다.

한편, 천둥을 부르고, 건물을 때려 부수며, 최첨단 인공지능을 하인처럼 부려먹는 다른 히어로들과 비교하면 이제 스파이더맨은 막 걷기 시작한 어린아이 수준밖에 되지 않습니다.

스파이더맨이 고민하는 데엔 다 이유가 있습니다. 극 중 나이로만 보더라도 그는 외계인들의 공격으로부터 세계평화를 지켜내는 것보다는 앞날을 위해 공부에 피치를 올려야 할 나이거든요. 그가 있어야 할 곳은 무시무시한 전쟁터가 아니라 미드타운 과학고등학교의 경시대회 대비반이었습니다.

장차 한 나라, 더 나아가 세계의 미래를 짊어질 과학도에게 하얀 가운과 실험도구를 쥐어주지는 못할망정 '스타크 인턴쉽'이라는 달콤한 미끼로 일명 '전투 앞잡이'를 만들어버린 토니 스타크. 아무래도 그는 철저하게 이기적인 인물이 아닐까요?

⬆ 캡틴 아메리카 코스튬(CC BY 2.0)

〈캡틴 아메리카: 시빌 워(2016)〉의 공항 장면을 떠올려봅시다. 스파이더맨에게는 그날이 바로 꿈에 그리던 화려한 데뷔전이었지만 일부 사람들은 토니 스타크의 행태를 비난했습니다. 학생을 전투의 현장으로 불러내다니, 하면서요.

스타크의 스파이더맨 원픽은 그가 과학자였기에 가능했던 일입니다. 흔히 하는 말로 '사람을 알아보는 눈'이 밝았던 덕분이지요. 이 세계의 학문적인 미래도 중요하지만 그에 앞서 세계의 평화부터 챙기기로 결심한 그는 자신의 뒤를 이을 수 있는 과학 인재를 찾아갔고, 피터의 작은 방에서 자신의 선택이 옳았음을 확인합니다. 메이 숙모가 대접한 맛없는 빵을 "너무너무 맛있는 척" 먹으면서요.

스타크는 자신이 가진 전자·기계 분야의 전문지식과 피터 파커가 지닌 화학공학 지식이 만날 때 과연 어떠한 시너지 효과가 나타날지, 그 효과의 크기가 어떨지에 대해서는 정확히 알지 못했지만 피터가 대업을 위한 적임자라는 사실만큼은 틀림없다고 확신했습니다.

SCENE 03

이름부터 과학적인 웹플루이드(web fluid)

이제부터 본격적으로 대박 거미줄의 비밀을 캐볼 생각인데요. 피터는 거미줄을 만들어낼 용액이자 준비 재료의 혼합물에 '웹솔루션(web solution)' 대신 '웹플루이드(web fluid)'라는 이름을 붙여주었습니다. 자신의 정체성이 그대로 묻어나는 작명 센스가 돋보입니다. 이런 것만 보아도 그는 역시 과학, 정확히 말해 화학공학을 기반으로 탄생한 히어로가 틀림없습니다. 비록 그가 자신의 연구 노트에 톨루엔(toluene)+의 스펠링을 'toulene'이라 잘못 적어놓아 〈스파이더맨: 홈커밍(2017)〉 속 옥의 티를 만들어냈다고 해도 말입니다. 그쯤이야 얼마든지 귀여운 실수로 받아넘길 수 있지요.

+ **닥터 스코의 시크릿 노트**

향기가 나는 화합물이야. 벤젠과 더불어 방향족 화합물의 대표적인 물질이지.

한글 자막을 작업한 영상 번역가는 화학공학과 거리가 먼 일반인들이 알아듣기 쉽도록 '거미줄 용액'이라는 표현을 썼지만 플루이드

▲ 대박 거미줄의 비밀 웹플루이드(web fluid)

는 용액만을 의미하지 않습니다. 액체와 기체, 즉 흐를 수 있는 형태를 갖는 물질이라면 모두 '유(流;흐를 유)+체(體;몸 체)'라는 이름을 쓸 자격이 주어지거든요. 그런데 기체가 흐르는 것은 어떻게 알 수 있냐고요? 우리 인간의 코 속으로 들락날락거리는 '공기'를 생각해보면 이해가 쉽습니다. 만약 이들이 흘러 다니는 물질, 즉 유체가 아니었다면 코 속으로 감히 들어올 수 없었을 테죠?

과학자들은 유체를 크게 두 부류로 나눕니다. 외부의 힘(압력)에 의해 부피가 쪼그러드느냐(압축) 그렇지 않느냐(비압축)에 따라 즉, '압축성의 유/무'라는 판단 기준을 적용하여 '압축성 유체'와 '비압축성 유체'로 분류한 것입니다.

예를 들어볼게요. 한여름 바다에서 공기가 빵빵하게 들어간 튜브를 타고 신나게 물총을 쏘아대는 장면을 떠올려봅시다. 공기라는 기체는 여러분의 폐활량과 합성고무의 탄성이 버텨내는 한 자신의 덩치를 줄여 나가면서까지 튜브 속으로 비집고 들어갈 수 있습니다. 예를 들어 양팔을 쭉 뻗은 상태에서는 좁은 통로를 들어가기 어렵지만, 팔을 몸 쪽으로 찰싹 붙이면 보다 쉽게 들어갈 수 있는 이치와 같아요. 기체들은 고체나 액체와 달리 자신의 팔을 몸 쪽으로 착 붙일 수 있는 능력이 있어서 (사람으로 치면) 같은 공간 안에서도 여러 명이 공존할 수 있습니다. 반면, 물총 속에 들어 있는 물이라는 액체는 약한 손가락 운동에도 불구하고 연신 기나긴 물줄기를 뿜어댑니다. 이는 압축이 되느냐 되지 않느냐의 문제입니다.

기체는 이미 양팔을 쭉 뻗고 있어 서로의 거리가 매우 멀어진 상태죠. 심지어 일본의 고전 만화 〈드래곤볼〉에 등장하는 피콜로처럼 팔의 길이를 자유자재로 늘릴 수도 있으니 마음만 먹으면 부피를 뻥 튀기시킬 수 있습니다. 거꾸로 생각해볼까요? 이는 곧 팔의 길이만 줄인다면 상상 이상으로 압축될 수도 있다는 것을 의미합니다.

경제학에서 종종 언급하는 '거품경제'라는 표현을 빌려 이야기하면 기체는 '거품처럼 과평가된 물질의 상태'라고 할 수 있어요. 따라서 언제 사그라질지 언제 증폭될지 주변 환경에 따라 크게 좌우됩니다. 반면, 액체를 이루고 있는 분자들 간의 거리는 고체 내에서 분자들 간의 거리와 비교할 때, 고만고만한 수준을 유지하기에 여간해서 잘 눌리지도 않고 뻥 튀겨지지도 않습니다.

이로 인해 팔을 쭉 뻗을 수도 없을 뿐더러 움츠릴 수도 없는 액체 상태의 물질은 압축되지 않는 유체라 하여 '비압축성 유체'라고 불리게 된 반면, 일반적인 기체들은 '압축성 유체'라는 명찰을 달게 된 것입니다.

자, 여기서 문제 하나 드립니다. 피터 파커의 웹플루이드의 특성은 압축성일까요, 비압축성일까요? 〈스파이더맨: 홈커밍(2017)〉을 보면 피터가 이것을 병 속에 담아 학교 사물함 밑바닥에 숨겨놓는 장면이 나옵니다. 이 말은 곧 웹플루이드가 액상의 물질이라는 의미겠지요?

과학 천재 피터는 분명 알고 있었을 겁니다. 앞으로 자신에게 어떤 위기가 닥칠 것인지, 그 속에서 얼마나 이리 뛰고 저리 뛰며 고생해야 할지, 사방팔방으로 날고뛰면서 수없이 천국과 지옥을 오가야 할 자신의 손목에서 그래도 차분하게 기다려줄 수 있는 존재는 액체

뿐이란 것을 말입니다. 주변 환경에 크게 구애 받지 않으며 언제든 안정한 상태를 유지할 수 있으려면 뻥튀기의 부작용이 없는 액체 상태의 유체가 가장 적합하다는 것을 피터는 알고 있었습니다.

SCENE 04

이 용액, 예사롭지 않아!

'옷 꿰매는 장면은 나오는데 왜 웹슈터(web shooter)에 웹플루이드를 주입하는 장면은 나오지 않는 거지? 내용 전개상 불필요한 씬인가? 아니면 뭐 다른 이유라도 있는 건가?'

참고 참던 불만이 드디어 터졌습니다. 쓸데없는 걸로 치자면 피터 파커가 자신의 슈트를 한 땀 한 땀 꿰매고 있는 장면이 한 수 위인 것 같은데 말이에요. 바느질 장면은 강조하면서 스파이더맨의 무기인 웹플루이드를 주입하는 중요한 과정은 그 어느 장면에서도 다루지 않았으니까요. 기껏 나오는 장면이라고 해봤자 이미 주입을 끝마친 카트리지를 만지작거리는 모습뿐입니다. 카트리지 안에 웹플루이드가 들어 있으리라는 추측만 가능하게 해주었지요.

오랜 의구심은 점점 숨길 거리가 있기 때문일 거라는 확신으로 바뀌었습니다. 그즈음 저는 원작 만화를 읽다가 '웹슈터의 노즐이 자

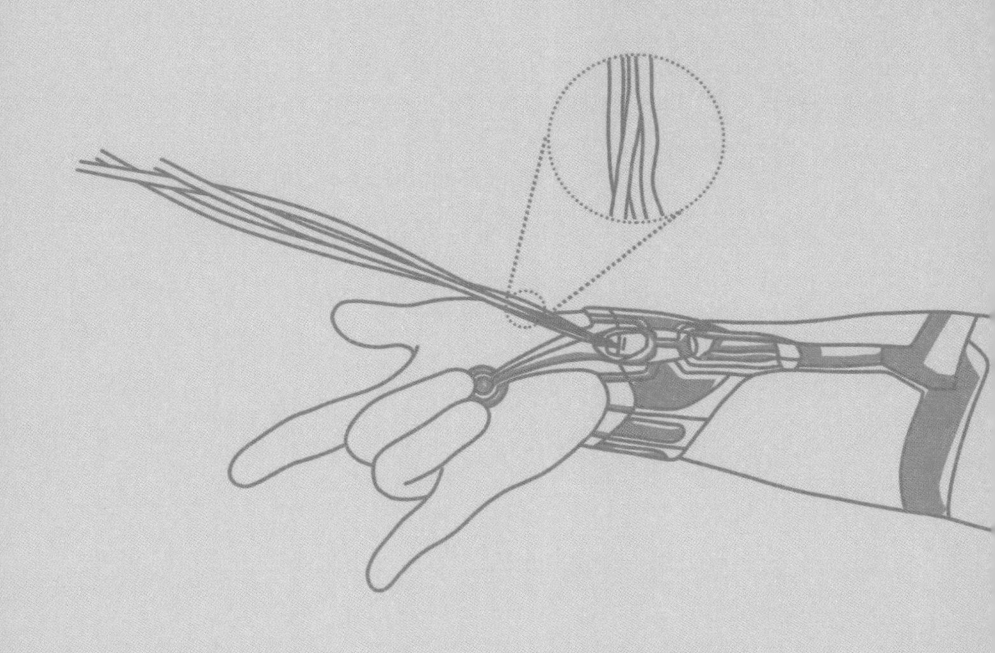

⬆ 스파이더맨의 최종병기 웹슈터

주 막힌다'는 정보를 입수했는데요. 그 순간 머릿속 화학회로가 번뜩였습니다.

+ **닥터 스코의 시크릿 노트**

기체나 액체 같이 흐르는 물질의 점성, 즉 끈적함 혹은 달라붙는 정도를 말해. 더욱이 온도와 점도는 서로 반비례 관계야. 온도가 높으면 점도가 내려가 찰랑거리게 되고, 온도가 낮으면 더욱더 끈적끈적해지지.

"점도+가 높은 게 분명해. 평범한 주사기로 주입이 불가능할 정도로. 그래서 영상으로 담아낼 수 없었던 거야!"

설령 웹플루이드의 정체가 액체 상태의 유체임이 밝혀졌다고 해도 점도가 높은 탓에 좁다란 주입구를 통과할 수 없었을 것이라 추측했습니다.

일반적으로 액체의 점도가 높아지는 이유는 크게 다음 두 가지로 압축할 수 있습니다.

첫째, 액체 분자들 사이에 인력(引力), 즉 끌어당기는 힘이 작용할 때입니다. 분자들이 서로 끌어당기는 힘을 갖고 있을 때 이 분자들은 자신의 영향력이 미치는 범위 안에서 만큼은 어떻게든 떨어지지 않으려고 필사적으로 노력합니다. 따라서 유체의 형태는 아주 최소한의 수준으로 변화하여 좀처럼 흐르지 않게 됩니다. 바로 '점도가 높다'라고 말하는 그 상태가 되는 것입니다.

예를 들어 사탕을 끓인다고 할 때, 온도가 점점 올라갈수록 고체였던 사탕은 끈적거리는 설탕 용액이 되고, 온도가 더욱 올라가면 끈적거리는 설탕 용액은 찰랑거리는 상태로 변합니다. 사탕을 녹이는 모든 작업이 끝나 가스레인지의 불을 껐다고 생각해봅시다. 온도가 내려갈수록 찰랑거리던 설탕 용액은 끈적거리는 용액을 거쳐 다시금 고체로 변하게 되겠죠? 사탕을 이루고 있는 설탕 분자들이 서로의 인력을 이겨내고 찰랑거리게 되면 '점도가 낮다', 서로의 인력을 이겨내지 못하고 머물러 끈적거리면 '점도가 높다'고 표현하는 것입니다.

둘째, 액체 안에 잘 녹는 물질이 포함되었을 때 점도가 높아집니다. '잘 녹는다'는 것은 액체 내에 추가로 집어넣은 물질의 분자들이 제각각 따로 놀고 있음을 뜻합니다. 분자들이 엉겨 붙은 채 단체로 돌아다닌다면 아무리 인간의 눈이 둔하다고 해도 액체 속에 들어간 그 어떤 것의 존재 유/무를 금방 알아차릴 수 있습니다.

이 분자들이 누구의 간섭도 받지 않으면서 충분히 독립생활을 즐기려면 액체 분자와의 친화력이 좋아야 합니다. 이 점이 항상 따라붙는 전제 조건이에요. 앞, 뒤, 옆, 위, 아래를 둘러봐도 모두 액체 분자들뿐인 세상에서 그들과 친하게 지내지 않는다면 어떻게 살아남을 수 있겠어요? 속마음이야 어떨지 몰라도 일단 친하게 지내는 게 급선무입니다. 안 그러면 그날로 방출될 딱한 신세가 될 테니까요. 즉, 분자 간의 인력과 액체 분자와의 친화력. 이 두 가지 힘 중 어느 쪽이 큰지에 따라 녹아서 점도를 높이느냐, 녹지 않아서 원래의 점도를 유지하느냐가 결정됩니다.

과학자들은 어느 정도 찰랑거림을 유지하는, 즉 점성이 낮은 액체 상태를 두고 '뉴턴 유체(Newtonian fluid)'라 불렀습니다. 물리학의 대가 아이작 뉴턴의 이름을 담은 것이지요. 반면, 점도가 극도로 높아져 일반적인 액체의 유동 패턴을 벗어난 유체를 일컬어 '비뉴턴 유체(non-Newtonian fluid)'라고 부릅니다. 스파이더맨이 만들어낸 웹플루이드는 이 두 가지 경우 중 '비뉴턴 유체'에 가까웠습니다. 이 말은 곧 웹플루이드의 움직임을 좀처럼 예측하기 어렵다는 뜻이었습니다.

가령 웹슈터 내부에서 유체가 받는 저항을 짐작해볼 수 있는 일반적인 방정식들은 사용해볼 엄두조차 내지 못하게 되었으며, 발사기에서 거미줄이 나오는 순간의 속도를 가늠해볼 수 있는 베르누이 방정식+조차 무용지물이 되고 말았습니다.

+ 닥터 스코의 시크릿 노트

\+ 유체의 흐름을 연구하는 '유체역학'이라는 학문 분야에서 쓰이는 대표적인 방정식이야. 통로가 좁을수록 유체의 속도가 빨라지고, 통로가 넓을수록 유체의 속도가 느려진다는 의미를 담은 공식이지.

++ '핫플레이트'라는 이름 그대로 뜨거운 판이야. 열이 전면에 고르게 흐를 수 있게 디자인된 장치인데, 장치 내부에 전자석이 포함되어 있어 상단에 자석을 올려놓으면 빙글빙글 돌아가지.

+++ 용액을 균일하게 혼합하고 싶을 때 사용하는 도구야. 혼합할 용액 속에 마그네틱 바를 담가 핫플레이트 위에 올려놓으면 빙글빙글 돌면서 용액을 고르게 섞어주지.

비록 영화에서는 피터의 이런 고민들이 확실하게 드러나지 않지만 MJ(메리 제인Mary Jane이 아닌 미셸 존스Michelle Jones)에 얽힌 이런저런 핑크빛 상상이 멈추는 순간만큼은 적어도 용액의 점도를 고민하고 있는 게 분명합니다. '어떻게 하면 웹슈터의 작은 카트리지에 점도가 높은 웹플루이드를 잘 흘려 넣을 수 있을까?' 하고 말입니다.

그나마 다행인 것은 이 문제를 개선시켜볼 여지가 있다는 사실입니다. 액체의 점도는 주변 온도에 민감하게 반응하므로 카트리지에 주입할 때 뜨거운 환경을 만들어주기만 하면 피터의 고민도 어느 정도 해결할 수 있습니다. 사실 아주 적은 양의 열을 방출하는 일쯤은 피터의 실험 테이블에 놓인 핫플레이트(hot plate)++만으로도 쉽게 해낼 수 있어요. 요즘 부엌에서 가스레인지 대신 많이 설치하는 인덕션으로 대신할 수도 있습니다. 물론 열이 고르게 잘 퍼지도록 마그네틱

바(magnetic bar)+++까지 비커 안에 쏙 넣어준다면 금상첨화고요.

아, 참! 웹플루이드와 노즐 벽면과의 마찰력이 무시할 수 있을 만큼 약하다면 더욱 좋겠죠? 가뜩이나 움직임을 예측하기 어려운 비뉴턴 유체에 까끌까끌한 벽면까지 맞닿아 있다면 이야기는 파국으로 치달을 수 있거든요.

SCENE 05

거미줄의 정체

영화 〈스파이더맨〉에는 손목의 웹슈터에서 방출된 웹플루이드가 순식간에 거미줄이라는 고체 형태로 바뀌는 모습이 곳곳에 등장합니다. 우리가 스파이더맨에게 열광하는 것도 그 특별한 과정을 확인하고픈 기대감과 무관하지 않지요. 게다가 변화의 시간은 또 얼마나 짧습니까? 굳이 초고속 카메라를 들이대지 않더라도 액체가 고체로 변하는 데 걸리는 시간은 말 그대로 '눈 깜짝할 사이' 혹은 '찰나'입니다. 너무도 속도가 빨랐던 탓인지 마블의 촬영 감독들은 액체가 고체화되는 과정을 찍을 엄두조차 내지 못했나 봅니다. 덕분에 부작용은 고스란히 관객의 몫으로 돌아왔습니다. "칫, 유체는 무슨! 그냥 원래부터 고체였던 거 아냐?" 하고 말입니다.

그런데 이렇게 꺼림칙한 채 넘어가면 곤란해요. 〈스파이더맨 3부작(2002~2007)〉의 매력에서 아직까지 헤어 나오지 못한 분들은 물론 스파이더맨 원작의 내용을 완벽하게 이해하지 못한 분들이 본다면 오해의 소지가 너무 많기 때문입니다. 그러니 이 부분부터 확실하게 짚고 넘어가는 게 좋겠습니다.

과학자들은 웹플루이드가 거미줄로 변하는 과정, 다시 말해 흐름이 자유로운 액체 용액에서 덩치 큰 고체 분자들이 만들어지는 이 과정을 '고분자화(polymerization)'라 부릅니다. 분자량+이 상대적으로 낮은 저분자 물질++을 줄줄이 이어 붙이는 과정인 고분자화는 '합해져 무거워진다'는 의미를 담아 '중합(重合)'이라는 말로도 불립니다. 과장을 조금 보태자면 우리 주변에는 고분자화를 겪지 않은 물건이 손에 꼽힐 만큼 우리가 사는 지구는 언제부터인지 모르게 고분자 물질로 가득한 세상이 되어버렸습니다. 아마도 분자량이 클수록 단단해지고 튼튼해진다는 믿음 때문이었을 겁니다.

+ 닥터 스코의 시크릿 노트

분자량이란 분자 하나하나가 이루고 있는 덩치를 말해. 지방이 차곡차곡 쌓여 몸집이 커지는 것처럼, 자잘한 분자들이 서로 합해지면 분자량이 큰 물질이 만들어져.

++ 분자량이 작은, 즉 덩치가 작은 분자를 저분자(량) 물질이라고 하고 분자량이 큰, 즉 덩치가 큰 분자를 고분자(량) 물질이라고 부르지.

스파이더맨이 탄생하기 30~40년 전인 1920년대 초반, 독일의 화학자인 헤르만 슈타우딩거(Hermann Staudinger, 1881~1965)는 고분자에 대한 개념을 처음으로 소개했습니다. 그 후 슈타우딩거는 스파이더맨이 탄생하기 9년 전인 1953년, 물질의 분자량이 커짐에 따라 얻게 되는 특성들을 정리하여 노벨화학상을 받습니다. 가령 분자량이 커짐에 따라 점도가 높아져 고체화된다거나 딱딱해진다는 특징들이죠.

스탠 리가 당대 논의되던 과학 이슈에 조금이라도 관심이 있었다면 이를 절대 모를 리 없었을 것입니다. 스탠 리는 어쩌면 스파이더맨의 웹플루이드를 디자인할 때, 고분자화가 가능한 특정한 저분자(monomer)들을 매우 높은 농도로 녹여두었고, 그 덕분에 웹플루이드가 웹슈터의 노즐에서 공기 중으로 튀어나오자마자 서로 엉겨 붙어 고분자화할 수 있었던 것은 아닐까요? 황당하게 들릴 수도 있지만 과학적으로는 충분히 해석 가능한 시나리오입니다.

SCENE 06

특명, 진주 구슬 목걸이를 만들어라

"이 진주 구슬로 목걸이를 한번 만들어보겠나? 목걸이를 완성하면 선물로 주지."

웹플루이드의 고분자화 문제로 고민에 빠진 여러분에게 눈이 번쩍 뜨일 만한 제안이 들어왔어요. A부터 Z까지 스물여섯 개의 알파벳이 적힌 진주 구슬들을 꿰어 목걸이를 만들면 그걸 선물로 주겠다고 합니다. 와, 진주 목걸이가 생기면 엄마에게 선물하거나 친구에게 선물할 수 있습니다. 골치 아프던 참에 머리나 식힐 겸 여러분은 그 제안을 흔쾌히 받아들였습니다.

그런데 진주 구슬이 담긴 바구니를 받으려던 순간, 예상하지 못했던 대참사가 벌어졌습니다. 여러분의 손이 구슬 바구니 손잡이에 가닿으려는 찰나 상대방의 손이 쫙 풀리면서 바구니가 바닥에 떨어진 거예요. 구슬이 와르르 쏟아지면서 이리 튀고 저리 구르고……. 도저

⬆ 스파이더맨 진주 구슬 목걸이

히 어찌해볼 수 없는 혼란한 상황이 눈앞에 펼쳐졌습니다. 하지만 상대방은 자신의 손을 떠났기에 책임이 없다면서 냉큼 줄행랑을 쳐버렸군요. 여러분은 울분이 치밀어 오릅니다.

"아 진짜! 내 손에 잡히기만 해봐. 아니지, 저놈을 쫓는 것보단 진주 먼저 줍는 게 우선이지."

여러분은 화를 가라앉히고 진주 구슬을 하나하나 집어 바구니에 다시 담았습니다. 어쨌든 진주 목걸이를 하나 벌 수 있는 기회이니 버리긴 아깝잖아요?

마침내 바구니 속에서 재회한 스물여섯 개의 구슬들. 이제 이들을 줄에 꿰기만 하면 미션이 완성됩니다. 그런데 여러분에게 구슬 바구니를 주고 떠나버린 그 남자는 역시 믿을 만한 인물이 아니었던 걸까요? 구멍이 뚫려 있는 진주 구슬은 몇 개 되지 않았습니다. '구슬이 서 말이라도 꿰어야 보배'라는 속담이 괜히 있는 게 아니었나 봅니다. 세상에, 구멍이 없어서 꿸 수 없는 구슬이라니! 진주면 뭐합니까? 있으나마나 짐만 될 뿐인데요. 하지만 포기할 수는 없죠. 여러분은 진주알을 손에 들고 일일이 살펴 구멍이 제대로 뚫린 아홉 개를 확보했습니다. 조심스레 줄에 꿰어놓고 보니 다음과 같은 알파벳이 적혀 있네요.

S, P, I, D, E, R, M, A, N

오직 아홉 개의 진주 구슬(단위체)만이 줄에 차례차례 걸려 목걸이라는 이름의 '고분자'가 될 수 있었습니다. 구멍이 뚫려 있지 않았던 나머지 열일곱 개의 구슬은 처음부터 이들과 함께할 수 없는 운명이었나 봅니다.

아무래도 구슬 바구니를 전해준 이는 목걸이 만들기 미션을 통해 고분자화의 원리+를 설명해주고 싶었던 것 같습니다.

+ 닥터 스코의 시크릿 노트

구슬 꿰어 목걸이 만들기가 잘 이해되지 않는 사람은 2인3각 경기를 떠올려봐. 경기를 할 때 발을 서로 묶는 것처럼 분자의 특정한 부분들이 서로 엮여져 커다란 덩치의 분자가 되는 걸 상상하면 되거든. 1명이 2명이 되고, 2명이 4명이 되고, 점점 덩치가 커지면 행동이 둔해지는 것처럼 고분자 물질은 저분자 물질보다 운동 능력이 크게 떨어진다는 특징을 보여준단다.

SCENE 07

끊어낼 수 있는 용기

피터 파커의 웹플루이드가 고분자화한 원리는 앞선 '진주 구슬 꿰기'의 상황과 정확히 맞아떨어집니다. 용액 속에 잠들어 있는 분자라고 해서 무엇이든 고분자가 되는 영광을 누릴 수는 없거든요. 수만 개 이상의 고분자를 갖는 물질로 진화하려면 진주 구슬의 '구멍'처럼 서로를 연결해줄 수 있는 무언가 아주 특별한 요소가 필요합니다. 과학자들은 '이중결합'을 이루고 있는 탄소(alkene, -CH=CH-)+들이 그 역할을 톡톡히 해낼 적임자라는 사실을 알아냈습니다. 즉 탄소(C)와 탄소(C) 사이를 이어주는 이중결합(=)이 그 적임자라는 것입니다. 이때 이중결합 중 하나는 남고, 나머지 하나가 끊어져 양쪽의 다른 분자들과 결합할 수 있거든요.

+ 닥터 스코의 시크릿 노트

알켄은 이중결합을 갖는 지방족 사슬 모양의 탄화수소야. 첨가 반응을 더 좋아하지.

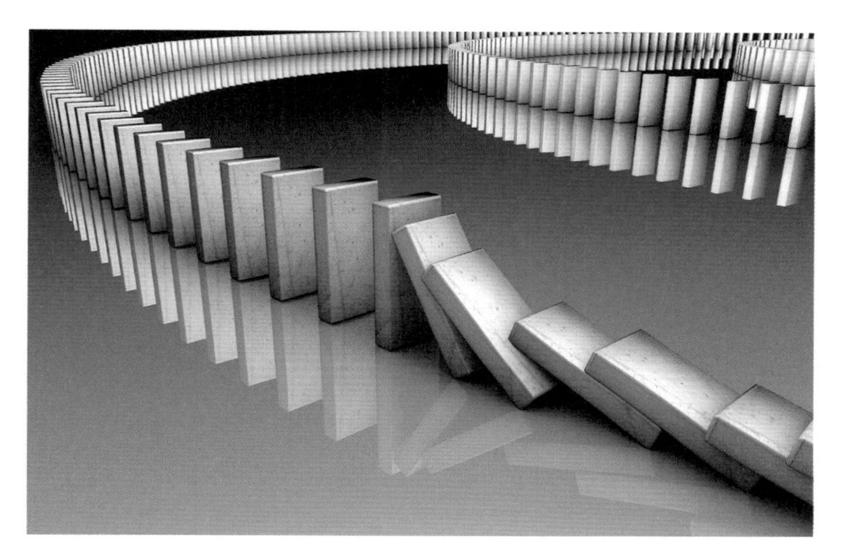

⬆ 연쇄반응

'내부의 결합을 끊어낼 수만 있다면 충분히 가능할 텐데.'

그들의 바람은 곧 현실로 이루어졌습니다. 빛(자외선)이나 열처럼 분자에 스트레스를 줄 수 있는 요소들의 도움을 통해 결합 끊기가 어느 정도 가능해진 것인데요. 스트레스를 많이 받으면 불안정해지는 것은 인간에게만 해당하는 일이 아닌가 봅니다. 도대체 어떤 과정을 거쳐 이런 결과가 나온 것일까요?

두 개의 결합(이중결합) 중 상대적으로 약한 하나가 끊어져 좌우로 펼쳐졌고, 근처에 다른 친구들(-CH=CH- 포함)이 다가오면 그들을 꾀어 다시금 결합을 끊어내게 하고⋯⋯ 유혹의 과정은 이처럼 꼬리에 꼬리를 물고 진행됐던 것입니다. 본연의 결합을 끊어내고 새로운 결합

> ✚ **닥터 스코의 시크릿 노트**
>
> 
>
> ✚ 연쇄반응이란 새로운 하나의 결합이 형성되어 반응이 종료되는 것이 아니라, 재료가 공급되는 한 끊임없이 결합을 이어나갈 수 있는 반응이야.
>
> ✚✚ (덩치가 작은 분자들이 하나씩) 첨가(되면서 고분자가 형성되는) 중합(방법)
>
> ✚✚✚ 자유 라디칼이란 결합(2개의 전자가 만남)을 이루지 못한 채 전자 하나만으로 이루어진 불안정한 원자, 분자, 혹은 이온을 의미해. 매우 불안정한 상태이기 때문에 주변에 보이는 물질들과 닥치는 대로 결합하려고 욕심을 부리지.
>
> ✚✚✚✚ 라디칼 중합은 자유 라디칼이 기폭제가 되어 고분자가 생성되는 중합의 대표적인 반응 메커니즘이야.

을 만들어내고자 하는 현상이 유행처럼 번져간 상황! 이러한 군중심리는 이른바 '연쇄반응(chain reaction)'✚이라는 화학 메커니즘을 낳았고, 이는 주변 여건이 허락하는 한 재료가 모두 소진될 때까지 계속되었습니다.

목걸이 줄을 매개로 구속된 진주 구슬들과 C-C 단일결합을 매개로 한 몸이 되어버린 분자들. 이들은 더 이상 어디로 튈지 모르던 예전의 망나니들이 아니었습니다. 밥을 먹어도 함께였고, 화장실을 가도 함께였습니다. 일거수일투족이 단체생활의 연속이 되고 만 것입니다.

이처럼 서로가 서로를 구속하는 바람에 움직임에 제한이 생겨버린 지금 이 순간, 그들은 '첨가 중합'✚✚에 의해 만들어진 고분자라 불리면서 비로소 가슴에서 '유체'라 적힌 명찰을 떼어낼 수 있게 되었습니다. 첨가 중합이란 작은 분자들이 하나씩 첨가되면서 고분자가 만들어진다는 걸 의미하는 용어입니다. 액체 상태로 존재하던 작은 분자들이 점점 덩어리가 커지고 고체가 되는 순간 더 이상 '유체'가 아니게 되는 상태를 말하는 것이지요.

또한, 과학자들은 한 단계 더 나아가 이 과정을 이끌어내는 핵심이 분자의 '자유 라디칼'✚✚✚에 있음을 알아냈습니다. 그래서 그 의미를 담아 '라디칼 중합(radical polymerization)'++++이라 명명했습니다. 여러 고분자 중합법들 중에서도 가장 유용하다고 알려져 있으며 반응속도조차 입맛대로 컨트롤할 수 있다는 장점을 가진 라디칼 중합법은 '개시제(initiator)'+라는 불순물을 통해 반응의 불씨(라디칼)를 더욱 키워갔고, 이후 마음의 문을 열어 라디칼을 받아들인 단분자들은 자발적으로 고분자화의 길로 들어섰지요.

+ **닥터 스코의 시크릿 노트**

개시제란 라디칼을 만들어내는 물질이야. 더 나아가 본인이 앞장서서 라디칼로 먼저 돌변할 수 있는 물질이기도 하지.

고분자가 된 그들은 합성섬유나 플라스틱이라는 존재들로 다시 태어났는데요. 스파이더맨의 웹슈터를 빠져나와 태양의 자외선을 온몸에 맞은 웹플루이드 역시 이들 중 하나였던 것 같습니다.

오로지 자신이 원할 때(방출 직후)에만 고분자를 만들어내고 싶었던 피터 파커. 그는 빛(자외선)이 절대 들어올 수 없는 재질의 웹슈터를 제작했고, 웹플루이드를 보관하는 병도 투명한 것이 아닌 '갈색'을 고수했습니다.

고분자화는 일반적으로 열 혹은 자외선에 의해서 진행됩니다. 원치 않는 고분자화를 막기 위해서 냉장고에 넣고, 이것도 모자라 햇빛의 자외선이 물질에 도달하는 것까지 방지하기 위해 내용물을 갈색병에 넣어두곤 합니다. 갈색병에 웹플루이드를 담아둔 것은 원치 않는 반응(고분자화)을 막기 위한 두 가지 방책(열 막기, 자외선 막기) 중 하나라고 생각하면 됩니다. 맥주가 햇빛에 상하는 것을 막기 위해 맥주병을 갈색으로 만드는 것도 자외선 방지의 한 예가 될 수 있습니다.

⬆ 오호라, 맥주병이 갈색인 데는 다 이유가 있었구나!

상상해보세요. 만약 웹슈터에 옮겨보기도 전에 웹플루이드가 병 속에서 고분자의 형태로 굳어버린다거나 웹슈터의 좁은 통로 안에서 고체화한다면 그동안 재료를 준비한다고 보낸 시간이 얼마나 아깝겠어요? 잘못했다가는 웹슈터에서 웹플루이드를 내뿜는 대신 뜨거운 눈물을 펑펑 쏟았을지도 모릅니다.

어떻게 해서든 원치 않는 고분자화를 막아야만 했던 스파이더맨은 매 순간 걱정과 근심에서 벗어날 수 없었을 겁니다. 이를 아는지 모르는지 영화감독은 매번 "왜 그리 표정이 어둡냐" "지금 일터에 와서 무슨 다른 생각을 하고 있는 거냐"면서 핀잔만 잔뜩 늘어놓았을 테죠. 영화 촬영 기간 동안 이런 고생에 대해 단 한 번도 뻥끗하지 않았던 피터 파커는 열다섯 살이라는 나이에 어울리지 않게 성숙한 것 같습니다. 역시나 히어로는 아무나 할 수 있는 게 아닌가 봅니다.

SCENE 08

변명 아닌 변명을 해볼게

"라디칼 중합? 다른 반응일 수도 있잖아. 아무리 추측이라지만 왜 굳이 라디칼에만 꽂혀서 난리를 치는 거야? 알긴산(alginic acid)[+]이 굳는 것처럼 고분자 사슬들을 서로 엉겨 붙게 만들 수도 있잖아. 굳이 첨가중합을 고집하고 싶으면 차라리 이온 중합법이라고 하던가. 거미줄이 만들어지는 속도로 치자면 상상을 초월할 텐데 말이야. 유체는 아주 다양한 방법으로 단단해지는데 왜 하필 그거냐고!"

+ 닥터 스코의 시크릿 노트

알긴산이란 다시마, 미역 등과 같은 갈조류의 세포막을 구성하고 있는 복합다당류 분자를 말해. 인체와 궁합이 좋다고 해서 의공학적인 응용 분야에 널리 이용되는 기특한 물질이야.

저와 같은 이 분야 전문가들과 주변에서 함께 일하는 동료들은 하나같이 이렇게 비난했습니다. 이번 꼭지는 바로 그 같은 투덜거림에 대한 일종의 변명입니다.

다시마

물론 그들의 말은 옳습니다. 고분자를 만들어낼 수 있는 많은 방법들이 이미 보고된 바 있으니까요. 심지어 고분자화가 진행되는 속도를 따져볼 때 라디칼 중합보다 더욱 강력한 방법들도 분명 존재합니다. 이온들끼리 결합시켜 고분자를 만들어내는 이온중합법(ionic polymerization)+처럼 말이에요. 경시대회 대비반의 히어로, 피터 파커 역시 이러한 사실을 누구보다 잘 알고 있었을 것입니다.

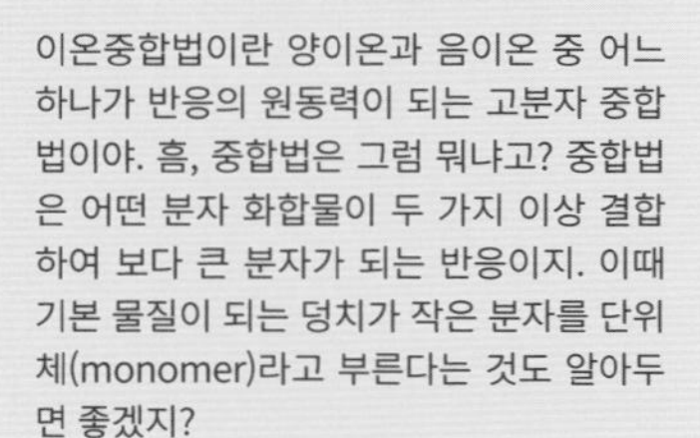

+ 닥터 스코의 시크릿 노트

이온중합법이란 양이온과 음이온 중 어느 하나가 반응의 원동력이 되는 고분자 중합법이야. 흠, 중합법은 그럼 뭐냐고? 중합법은 어떤 분자 화합물이 두 가지 이상 결합하여 보다 큰 분자가 되는 반응이지. 이때 기본 물질이 되는 덩치가 작은 분자를 단위체(monomer)라고 부른다는 것도 알아두면 좋겠지?

그런데 사실 제 주변의 친구들이 이야기하는 첫 번째 대안인 '알긴산'에는 피터가 사용하지 못할 만한 이유가 있습니다. 천천히, 그리고 나름대로 논리정연하게 설명해드릴 테니 잘 따라오시길 바랍니다.

치과에서 치아의 본을 뜰 때 사용한다는 이 천연 고분자 알긴산은 다시마와 같은 해조류(갈조류)의 끈적끈적한 점성액에서 얻을 수 있습니다. 이 점성액은 알긴산을 포함한 다른 물질들과의 혼합물인 셈이죠. 다시 말해, 점성액에서 알긴산만을 뽑아내기 위해서는 특별한 처리 과정이 필요하다는 뜻입니다. 산성 용액+ 혹은 염기성 용액++으로 녹여내는 것이 그 대표적인 방법이라고 할 수 있습니다.

물론 이 과정은 피터가 환기가 잘 되는 실험실에서 보안경과 장갑을 착용한 채 수행하면 되므로 크게 문제될 것은 없습니다. 왜냐하면 알긴산을 녹이기 위해 사용되는 산성 용매와 염기성 용매는 대부분 우리 몸을 구성하고 있는 단백질을 녹여내는 성질이 있기 때문에 각별히 조심해야 하거든요. 직접적인 접촉은 물론 그 증기 또한 피부에 닿으면 위험합니다.

+ 이거 정말 궁금한데 뭐에요??

+ 산성 용액(HCl)이란 산성 물질이 물에 녹아 있는 상태를 의미하지. 일반적으로 신맛을 내고, 금속과 반응하여 수소 기체를 발생시키는 특성을 보이는데, 알긴산을 추출하는 데 쓰이는 염산(HCl)은 특히 산성이 강한 용액으로서 부식성이 매우 강하여 인체에 아주 위험하니 조심, 또 조심해야 해.

++ 염기성 용액(sodium carbonate)은 산성 용액이 수소 이온(기체)을 발생시키는 것과 달리 물에 녹아 수산화 이온을 내놓는 특성이 있어. 손으로 만졌을 때 미끌거린다고 알려져 있는데, 이는 피부의 단백질을 녹여내기 때문에 그렇게 느껴지는 거야. 산성 용액과 마찬가지로 특성이 강하면 아주 위험해.

이들은 이미 고분자의 형태로 자연계에 존재하기에 처음부터 구슬을 꿰듯 저분자들을 하나둘씩 끌어 모을 필요가 없습니다. 흐물흐물한 고분자 사슬을 단단하게만 고정시켜주면 그걸로 만사 오케이입니다. 이렇게 편한 재료를 두고 처음부터 어렵게 '중합'을 한다니요? 사실 피터가 이 사실을 모를 리 없었습니다.

진짜 문제는 알긴산의 흐물거리는 고분자 사슬을 어떻게 고정시키느냐에 있습니다. 그런 상태로는 어느 분야에서도 찬밥 취급을 당하기 십상일 테니까요. 알긴산의 대표적인 사용처가 치과라고 했던 걸 떠올려봅시다. 치아의 본을 뜨는 데 사용하려면 흐물흐물한 고분자 사슬보다는 단단히 고정된 고분자 사슬이 보다 유용하지 않을까요? 치과에서는 과연 어떻게 이들을 단단하게 고정시켰을까요? 흰 가운을 입은 치과의 천사들은 '금속 이온'을 사용했습니다. 금속 이온 중에서도 2가 양이온+ 그중에서도 마그네슘(Mg^{2+})을 제외한 칼슘(Ca^{2+})과 바륨(Ba^{2+}) 이온이었습니다.

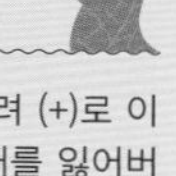

+ **닥터 스코의 시크릿 노트**

2가 양이온이란 전자를 잃어버려 (+)로 이온화된 원자를 뜻해. 전자 한 개를 잃어버리면 1가 양이온 (1+), 전자 두 개를 잃어버리면 2가 양이온(2+)이라고 분류하지.

이들 2가 양이온(2+)은 알긴산(alginic acid) 혹은 알긴산염(alginate)과 만나면 급격하게 서로 엉겨 붙는다고 알려져 있는데요. 이 과정은 실로 우리 주변에서 종종 만나볼 수 있는 '금사빠(금방 사랑에 빠지는 사람)' 족의 사랑법과 매우 유사합니다.

두 가지 물질(L-글루론산, D-만누론산)이 각각 블록을 형성하며 서로 반복 교차되어 하나의 고분자 형태(블록공중합체)를 이루고 있는 알긴산. 두 블록 중에서도 특히 양이온(가슴 뛰게 만드는 사람)을 유독 좋아하는 L-글루론산(금사빠)이 모든 문제의 근원이지요.

오늘도 새로운 사랑을 찾아 눈을 반짝이며 주변을 어슬렁거리던

L-글루론산에게 타깃이 하나 접수되었습니다.

“삑! 삑! 1시 방향 10미터 전방! 타깃 출몰! 타깃 출몰! 무언가를 잃어버려 속상해하고 있는 것 같으니 속히 출동 바람! 엑셀시오르!”

타깃이 잃어버린 것은 (-)전하를 띠고 있는 입자인 전자(electron)였습니다. 그것도 두 개나 잃어버렸네요. 보기보다 허술하고 칠칠치 못한 인물인가 봅니다.

자신의 타깃이 멀리 떠나버릴 것을 걱정한 L-글루론산(L-guluronic acid)+은 항상 옆에 붙어 있는 친구 D-만누론산(D-mannuronic acid)++에게 찡긋 눈웃음을 날리며 타깃에게 같이 가주면 안 되겠냐고 부탁합니다.

+ 이거 정말 궁금한데 뭐에요??

+ 분자식은 $C_6H_{10}O_7$이고, -COOH를 가진 일종의 산성물질이야. 그냥 이름만 알고 있어도 돼.

++ 갈조류의 세포벽 및 세포 사이 점질물인 알긴산의 주성분이지. 점질물이란 식물에서 발견되는 어떤 종류의 다당류의 한 무리에 주어진 명칭으로, 물에 녹이면 끈적한 액을 생성해.

“한 번만. 이번 딱 한 번만 더 가주면 안 돼? 내가 이렇게 부탁할게. 나도 매번 너한테 이런 부탁하는 거 좋은 건 아닌데. 몸이 이렇게 붙어 있으니까 어쩔 수 없잖아? 네가 가지 않으면 나도 못 가. 나 이번 타깃을 놓치면 평생 후회할 것 같아서 그래. 봐라, 얼마나 불쌍하니? 전자를 두 개나 잃어버렸대. 얼른 가자! 이 매정한 놈아, 내가 평생 네 옆에 딱 붙어서 징징대면서 살면 좋겠어?”

매번 끌려 다녀 귀찮긴 해도 결국엔 따라 가주는 착한 친구(D-만누론산)와 그런 친구의 호의가 당연하다는 듯 항상 제 사랑만 중요시하는 금사빠(L-글루론산)의 모습입니다. 단 한 번도 고맙다는 말을 하지 않는 친구가 야속하긴 해도 뭐 어쩌겠습니까? 이성 친구를 사귀고 싶어 안달하는 저 L-글루론산(금사빠)에게는 2가 양이온의 존재야말로 하늘에서 내려준 선물인걸요. 이 사실을 착한 친구 D-만누론산은 누구보다 잘 이해하고 있었습니다.

스파이더맨의 거미줄처럼 끈질긴 금사빠의 애원에 착한 친구는 두 손 두 발을 다 들고 말았습니다. 절대 이 친구의 손아귀에서 벗어날 수 없을 것 같습니다. D-만누론산은 어쩔 수 없이 친구의 부탁을 들어주기로 했습니다. 그러자 금사빠는 매번 그래왔던 것처럼 뛸 듯이 기뻐하며 친구의 손을 잡고 타깃에게 달려갔습니다.

"안녕! 보아 하니 전자를 잃어버린 것 같군요. 내가 좀 도와줄까요? 어이쿠. 마침 나한테 남은 게 좀 있네요. 뭐 이걸 그냥 줄 수는 없고…… 어떡하나? 아, 나랑 같이 나눠 쓰면 되겠네요? 사례야 뭐 마음으로 받으면 되고요."

금사빠의 갑작스런 호감 표현에 상대방이 어쩔 줄 모릅니다. 척 보기에도 잘 짜인 각본 같지만 전자 1개가 아쉬운 마당에 2개씩이나 거저 빌려주겠다고 하는데 굳이 마다할 이유가 없습니다.

결국 L-글루론산의 포로가 되기로 결심한 우리의 타깃은 새로운 사랑을 시작하게 되고, 옆에서 보고 있던 친구(D-만누론산)는 거미줄에 걸린 나비 같은 타깃을 안쓰러운 마음으로 바라보았습니다.

그런데 금사빠는 금사빠일 뿐이었나 봅니다. 친구 D-만누론산에게 자신을 도와주는 대가로 영혼까지 내줄 것처럼 굴던 L-글루론산의 애정 행각은 의외로 쉽게 끝났습니다. 왜냐하면 '1가 양이온(Na^+)'+이라는 어여쁜 이웃이 L-글루론산의 옆집으로 이사 왔기 때문입니

⬆ 스파이더맨의 치아 교정기에 복선이 깔려 있다고?

다. 쉽게 얻어진 마음은 쉽게 떠난다는 불변의 진리를 다시 한 번 확인하게 된 셈이군요. 이름 하여 알긴산 덩어리(하이드로젤)의 붕괴 과정입니다.

알긴산의 L-글루론산과 2가 양이온 간의 만남은 하이드로젤이라 불리는 치과용 덩어리를 얻어낼 수는 있었지만, 절대적인 강력함을 갈구하는 '대박 거미줄'의 후보가 될 수 없었습니다. 또한 1가 양이온만 나타나면 결합을 갈아타는 알긴산은 피터 파커가 부여하는 웹플루이드 합격통지서를 절대 받을 수 없었지요. 적어도 스파이더맨이 탄생하던 그 시절에는 말입니다.

현재 과학계에서는 알긴산의 엉겨 붙음(crosslinking)을 이끌어내기 위해 배위결합 이외에도 여러 결합들을 도입하고 있습니다. 이러한 노력은 놀랍게도 최근 피터 파커의 활약상에도 보입니다. 〈스파이더맨:

홈커밍(2017)〉을 보면 피터의 가방에서 치약과 치아 교정기가 후두둑 떨어지는 장면이 나옵니다.

+ 닥터 스코의 시크릿 노트

치약의 성분을 알아볼까? 치약에는 크게 연마제, 발포제, 습윤제, 점결제 등 각종 약효를 나타내는 성분들이 포함되어 있어. 이때 점성을 주기 위한 점결제로서 대표적으로 알긴산나트륨이 사용되지.

아하, 그러고 보니 이것은 피터가 양치질을 잘 하고 있다는 걸 보여주기 위한 수단이 아니라 치약+ 안에 포함된 알긴산을 이용해서 자신의 웹플루이드를 진화시키고자 했던 고딩 과학자 피터의 비밀스런 테스트 준비물이 아니었을까요?

SCENE 09

또 다른 변명

슈퍼 히어로가 가는 길엔 바람 잘 날이 없습니다. 게다가 그 바람은 시간이 갈수록 기세를 더해만 갑니다. 만화를 봐도 그렇고 영화를 봐도 그렇습니다. 아마 모든 히어로들의 공통된 특징인 모양입니다.

〈스파이더맨1(2002)〉에서 그린 고블린을 처리하고 났더니 〈스파이더맨2(2004)〉에서는 닥터 옥토퍼스가 등장했고, 이를 간신히 해결하나 싶었더니 〈스파이더맨3(2007)〉에서는 샌드맨과 베놈이 나왔잖아요? 1리터가 채 안 되는 비좁은 갈색병 세상에도 빌런들의 행렬은 계속 되고 있습니다. 역시나 '그 주인에 그 도구'였던 것일까요?

알긴산이라는 빌런을 제거해 평화를 찾았다 했더니 이제 이온 중합(ionic polymerization)이란 슈퍼 빌런이 나타났습니다. 라디칼 중합은 "도대체 이 어지러운 웹플루이드 세상은 언제쯤 조용해질 건가?" 하면서 한숨만 푹푹 쉬고 있습니다. 이번만 잘 넘기면 정말 한동안 별

탈이 없을까요?

사실 이번 대결은 상대 빌런(이온 중합)이 자랑하는 상상을 초월하는 경화 속도 때문에 결론은 이미 난 거라고 봐도 무방합니다. 우리 히어로(라디칼 중합)가 자외선을 흡수하는 그 짧은 찰나의 시간이 빌런인 이온 중합에게는 한없이 더디게 느껴지는 거예요. 심지어 그는 히어로의 변신 시간(라디칼이 번져나가는 시간)을 기다려줄 만큼 인자하지도 않았습니다. 반응 시간을 비교하는 것은 조건에 따라 천차만별이기 때문에 의미가 없지만, 라디칼 중합의 반응 메커니즘이 책을 천천히 읽어내려가는 정독법이라면, 이온중합은 슈퍼 속독법이라고 할 수 있겠습니다.

더욱이 짐작과 달리 고분자화가 시작되는 데 필요한 조건 따위는 애초에 존재하지 않았습니다. 게다가 한 번 시작하면 본인도 주체할 수 없을 정도로 폭주 상태가 되어버리므로 이를 이길 수 있는 히어로는 사실상 이 땅에 존재하지 않는다고 보아야 합니다. 한마디로 그를 이길 가능성은 '제로(zero)'인 셈입니다. 〈어벤져스: 인피니티 워(2018)〉에서 우주 최강 타노스를 이길 수 있는 확률을 점쳐보기 위해 무려 14,000,601가지나 되는 경우의 수를 죄다 확인해본 '닥터 스트레인지'를 데려온다 해도 이 결과에는 변함이 없습니다.

라디칼 중합의 미래는 어둡기만 합니다. 광명이 비춰도 모자랄 판에 암운이 짙게 드리워졌군요. 그렇다면 우리의 히어로는 이대로 웹플루이드 계를 이온 중합이라는 이름의 빌런에게 내줄 셈일까요? 절망의 눈물이 한 방울 또르륵 흐를 무렵, 불현듯 피터 파커의 나이가 생각났습니다. 피터는 귀차니즘과 부담감에 민감한 사춘기 소년입니다. 정확하게 말하면 치료제도 없다는 희귀병(대한민국 학생들 기준으로 치면 중2병)을 앓고 있는 15세였습니다.

앞서 말씀드린 '이온 중합의 상상을 초월하는 경화 속도'를 다른 말로 표현하자면 '과하게 빠르다'는 의미잖아요? 이 슈퍼 빌런이 자신의 폭주를 억누르려면 극저온이라는 지독한 환경에 처해야만 했습니다. 영하 10℃, 영하 20℃는 기본이요, 영하 45℃와 영하 78℃, 심지어는 영하 95℃에 몸을 담그기까지 했습니다.

그 뿐인가요? 또한 이 빌런에게는 지구의 어느 곳을 가더라도 항상 넘쳐나는 수분과 공기가 취약이었습니다. 라디칼 중합에서 반응의 핵심 요소가 라디칼(radical)이듯 이온 중합 또한 이온(ion) 없이는 절대 유지될 수 없는 법이잖아요. 반응하는 동안 꾸준히 살아 있어야만 하는 이온(ion)들은 수분과 공기를 만나면 바람 앞의 등불처럼 훅 하고 꺼져버리기 십상이었습니다.

그런데 문제는 피터가 웹플루이드를 가지고 나가 싸워야 하는 현장이 실험실 밖이라는 데 있습니다. 거의 모든 조건을 갖춘 실험실이 아닌 전투 현장에서 그것도 매번 바뀌는 곳에 갈 때마다 어떻게 '기온은 영하 수십 도, 공기 수분은 전무'한 극한 환경을 만들 수 있겠습니까? 만에 하나 운이 좋아 환경이 조성된다 해도 이것을 어떻게 그 오랜 시간 동안 손목 위에 유지시킬 수 있을까요? 보통의 준비 과정으로는 꿈도 꾸지 못할 일입니다.

이런 까다로운 조건을 귀차니즘으로 무장한 15세의 피터 파커에게 극복해내라고 하면 어떻게 될까요? 아무리 의학 기술이 발달하여 중2병이라는 희귀 질환이 사라진다고 해도 이온 중합은 따뜻하고 촉촉한 지구에 사는 스파이더맨이 손목 위에서는 절대 이루어낼 수 없는 '이상세계'와도 같은 것이었습니다.

한 가지 더! 설령 실제 거미(Araneus Diadematus)가 라디칼 중합(첨가 중합+의 일종)을 따르지 않고 축합 반응(만화 원작에서는 단순히 산화라 언급)++을 거쳐 고체의 거미줄을 만들어낸다고 한들 그 누가 태클을 걸 수 있을까요?

+ 닥터 스코의 시크릿 노트

첨가 중합이란 같은 종류의 분자들이 연이어 반복적으로 첨가되어 고분자를 생성하는 반응이야. 재료가 무엇이냐에 따라 라디칼 중합, 이온 중합으로 나뉘어져.

++ 축합 반응이란 두 개의 분자가 하나로 합쳐지는 과정에서 물 분자의 제거가 동반되는 반응이야. 천연 거미줄은 일반적으로 축합 반응을 거쳐 생성된다고 알려져 있지.

게다가 아직 발견되지 않아서 그렇지 지구 어딘가에는 첨가 중합으로 거미줄을 생산하는 거미가 존재할지도 모르는 일이 아닙니까? 이를 두고 옳고 그른지를 판단하기에는 시간이 너무 짧아요. 스파이더맨의 인공 거미줄이 탄생한 지 60년이 채 지나지 않았으니까 말입니다.

피터 파커가 고분자화를 위해 차용한 반응 메커니즘이 정확히 무엇인지는 앞으로 차차 밝혀지겠지요? 지금 이 순간만큼은 복잡하고 어려운 거 다 잊은 척하고 침대에 편히 누워 기나긴 '고분자화 빌런'들과의 사투가 끝났다는 만족감을 즐기는 게 어떨까요?

SCENE 10

의심병을 유발하는 피터 파커의 연구 노트

〈스파이더맨: 홈커밍(2017)〉에서 단 1초 컷으로 넘겨버린 피터 파커의 연구 노트를 기억하시나요? 여기에는 아주 놀라운 비밀이 숨어 있습니다. 이 비밀이 일으킬 파장이 너무도 대단하기에 영화 제작진들은 어떻게 해서든 피터의 연구 노트를 감추려 한 것 같아요. 어쩌면 〈스파이더맨: 홈커밍〉이 MCU 입성 이후 찍은 첫 단독 영화라서 부담감이 너무 컸는지도 모릅니다. 그러나 우리에게는 멈춤 버튼과 캡처 버튼이라는 비밀 무기가 있습니다. 그 무기들을 잘 활용해서 노트의 비밀을 풀어봅시다.

삐걱거리는 마우스 클릭 소리와 함께 나타난 비밀의 정체. 그것은 바로 페이지 밑단에 조그맣게 적힌 toulene(toluene톨루엔의 오자로 피터의 귀여운 실수임)과 methanol(메탄올)이라 적힌 글자들이었는데요. 이것은 틀림없이 웹플루이드 속 용매를 지칭하는 명칭이었습니다.

▲ 피터 파커의 연구 노트

"오호라! 너네 딱 걸렸어! 각종 질환을 일으키는 톨루엔도 모자라 인체에 치명적이라 공업용으로밖에 못 쓰는 메탄올을 버젓이 용매로 썼겠다? 판매를 목적으로 만든 게 아니라는 변명 따위는 경찰서에나 가서 하시지. 선량한 미성년자를 꼬드겨 도시 전체에 독성 유기용매를 뿌리고 다니는 악당 같으니라고! 에잇, 환경안전법의 심판을 받아라!"

111℃의 끓는점과 2.8kPa의 증기압(25℃ 상온 기준) 특성을 보이는 톨루엔. 달콤한 향기를 방출한다 하여 '방향족 화합물'로 규정된 이 유기용매는 인체에 치명적이라고 알려져 있습니다. 미국국립보건원(NIH) 산하 미국국립의학도서관의 데이터베이스(TOXNET, https://www.toxnet.nlm.nih.gov/)에는 이에 관한 방대한 분량의 연구 논문들이 실려 있지요. 그 양이 너무나 방대하여 읽고 있기가 버겁지만 말입니다. 자, 대표적인 몇 가지 증상들을 부위별로 정리해서 알려드릴게요.

중추신경계 질환

- (하급) 두통, 어지러움, 졸음, 정서적 혼란, 심신미약, 기억상실, 몽롱함, 구역질, 식욕 저하
- (중급) 지적장애, 운동기능장애, 청력손실, 시력손실
- (상급) 의식장애, 혼수상태, 영구적인 뇌손상, 사망

생식계 질환

- 선천성 기형, 난임, 유산

호흡기계 질환

- 안구 및 기도 자극

심혈관계 질환

- 부정맥

한마디로 인체에 미치는 영향이 심각하다는 뜻이군요? 비록 세계보건기구 산하 국제암연구소(IARC)에서 Group3(not classifiable as to its carcinogenicity to humans)+으로 분류하여 발암 물질의 여부가 아직 확인되지 않았다고는 했지만, 인체에 유해한 것만은 분명한 사실입니다.

+ 닥터 스코의 시크릿 노트

국제암연구소에서는 문제되는 물질에 대하여 다음과 같이 분류했어.

- Group 1(1군): 확실히 사람에게 암을 일으키는 물질.
- Group 2A(2A군): 동물에게서는 발암성 입증자료가 있으나 사람에게서는 발암성이 입증되지 않은 물질(암을 일으키는 개연성이 있는 물질).
- Group 2B(2B군): 사람에게 암을 일으키는 가능성이 있는 물질.
- Group 3(3군): 사람에게 암을 일으키는 것이 분류가 되지 않은 물질.
- Group 4(4군): 사람에게 암을 일으키지 않는 물질.

더욱이 상온에서는 물(증기압 2.3kPa)이 증발하는 속도보다 22%나 빨리 날아간다고 하니, 바람이 살랑대는 실외라면 또 모를까 밀폐된 실내에서는 우리의 호흡기와 피부에 취약입니다.

메탄올은 또 어떨까요? 증기가 각막에 손상을 일으켜 실명에 이르기도 하고, 심지어 이 증기를 흡입이라도 하게 되면 우리 몸 속의 장기들이 시커멓고 단단한 덩어리로 변하기 시작합니다. 이름만 들어도 벌벌 떨게 되는 암 세포가 되는 것입니다. 이때 증기란 메탄올이 공기 중으로 증발하면서 생성되는 증기를 의미하고, 증기압은 증기가 얼마나 잘 발생하는지를 수치화한 값을 뜻합니다.

몸 속의 간을 통과하면서 산화되어 포름알데히드(formaldehyde)+의 형태로 변한 메탄올 분자는 탁월한 방부제 능력을 보이면서 우리 몸을 구성하고 있는 단백질 분자들을 굳혀버립니다. 그러면 내부 장기들이 운동을 멈추게 되고, 딱딱하게 변한 세포들은 우리 몸을 죽음의 길로 인도하는 암 덩어리가 되는 것입니다. 이 사실은 각종 매스컴들이 꾸준히 다루는 주제이기도 해요.

+ **닥터 스코의 시크릿 노트**

포름알데히드란 메탄올이 산화되면서 생성되는 자극적인 무색 기체야. 인체에 대한 독성이 매우 강한 물질로 알려져 있지. 이 기체를 물에 녹여 만든 용액을 포르말린이라 부르는데 주로 살균 용도나 방부제로 사용하지.

2009년 인도네시아 발리에서는 메탄올로 만든 야자수 와인을 마신 스물다섯 명이 전원 사망했고, 2014년 고등학교 졸업여행을 떠난 호주 청소년들 중 일부는 메탄올 칵테일을 마시고 실명하기도 했습니다. 그 독성이 얼마나 무서우면 메탄올을 보관하는 용기 겉면에 떡하니 해골 그림을 그렸겠습니까? 한마디로 메탄올을 마시거나 흡입하면 저승길로 간다는 뜻이지요.

그렇다고 해서 "칫, 마시지 않으면 되지" 하고 가볍게 반응하는 것은 절대 도움이 되지 못합니다. 메탄올의 끓는점은 64.7℃로 물의 끓는점인 100℃보다 현저하게 낮기 때문입니다. 꼭 입으로 마시지 않는다 해도 여차하면 증기의 형태로 변할 소지가 다분하다는 뜻입니다. 증기로 변해 기체가 되면 아무리 입을 틀어막는다 해도 우리의 코나 피부를 통해서도 인체에 침임하고 그러면 해를 입을 수 있지요. 즉 메탄올이 우리 주변에 존재하는 이상 그 손아귀에서 벗어나기란 정말 어려운 일이라는 뜻입니다.

+ **닥터 스코의 시크릿 노트**

영화에 등장하는 피터 파커의 연구 노트 맨 위에 적혀 있는 웹플루이드의 버전을 말해. 60쪽에 나오는 그림을 잘 보렴.

치명적인 독성물질인 톨루엔과 메탄올을 한껏 머금은 3.01 버전+의 웹플루이드가 이후 어떻게 달라졌는지 알 길은 없습니다. 웹플루이드 속의 유기용매가 바뀌었는지 체크할 방법이 없거든요. 한 가지 명백한 사실은 용매로서 전혀 무해한 물을 쓰지 않는 이상 웹플루이드의 독성에서 자유로울 수는 없다는 점입니다. 이런, 스파이더맨의 건강은 누가 책임지나요?

SCENE 11

내면의 적은 질풍노도였어!

고쳐야 될 건 용매의 성분뿐이 아닙니다. 아무도 이야기하지 않는 스파이더맨의 나쁜 습관도 고쳐야 해요. 왜냐고요? 이 습관을 고치지 않는 한 스파이더맨에게는 평생 살인자라는 꼬리표가 따라붙을 테니 말입니다. 대체 어떤 습관이기에 그러냐고요? 여러분도 다 아는 것, 바로 '거미줄로 상대방 입 틀어막기'입니다. 정말 나쁜 습관입니다.

이야기를 시작하려니 벌써부터 여러 장면들이 주마등처럼 스쳐 지나갑니다. 굳이 조목조목 언급하지 않아도 어떤 장면들인지 기억하실 겁니다. 피터가 일말의 죄책감도 느끼지 않는 표정으로 닥치는 대로 거미줄을 쏴 악당들의 입을 틀어막는 장면들이죠. 아무리 히어로라지만 다른 이의 건강 따위는 안중에도 없다는 것일까요?

토니 스타크는 스파이더맨의 거미줄이 살상을 하지 않는다며 마음에 들어 했습니다. 하지만 이는 사실이 아니에요. 그는 피터 파커의

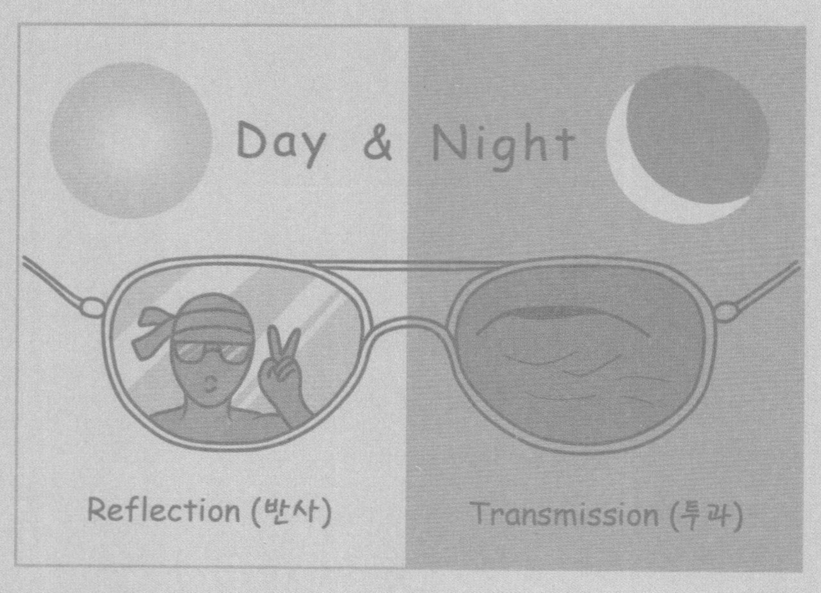

아이언맨이 물려준 이디스

웹플루이드가 톨루엔과 메탄올로 이루어진 치명적인 독성 물질이라는 사실을 모른 채 〈어벤져스: 엔드게임(2019)〉을 마지막으로 세상을 떠났습니다. 어쩌면 지금쯤 하늘에서 후회의 눈물을 흘리고 있을지도 몰라요.

"내가 너한테 얼마나 잘해줬는데 은혜도 모르고 날 속였구나! 최첨단 하이테크 슈트도 만들어줬지, 내가 그토록 아끼던 이디스(EDITH; Even Dead I'm The Hero; 인공지능 탑재 선글라스)까지 넘겨줬는데. 그 결과가 고작 이것이란 말인가?" 하면서 말입니다. 어쩌면 그는 〈스파이더맨: 파 프롬 홈(2019)〉에서 미스테리오에게 이디스를 못 건네줘 안달했던 모습을 떠올리며 "이런 게 너의 양심이니?" 하고 되물을지도 모릅니다.

스파이더맨과 그의 거미줄은 마블 19금 캐릭터인 '데드풀'보다 더 잔인했습니다. 신경계 교란 물질을 이용한 그의 정신 착란 공격은 찌질한 빌런 미스테리오의 홀로그램+ 공격보다도 훨씬 강력했습니다. 그러니까 그의 진정한 무기는 거미줄이 아니라 거미줄에 묻은 유기용매였던 셈입니다.

+ 닥터 스코의 시크릿 노트

<스파이더맨; 파 프롬 홈>에 나온 장면을 떠올려보자. 수정 구슬에 갇혀 있는 환영을 비롯해 수십 명의 스파이더맨과 싸우는 환영을 떠올려 봐. 그 정도야 뭐 꿈에서 한 번쯤 만나봤음직한 귀여운 애교 수준이지?

하지만 스파이더맨에게도 변명할 거리는 있습니다. 나름대로 사연도 있었고요. 비록 1962년생이긴 해도 그는 여전히 청소년의 몸과 마음을 가진 미완성 히어로잖아요? 60년이나 지난 오늘까지도 그는 질풍노도와 싸우는 영원한 사춘기 소년이니까 말입니다.

"다 덤벼! 내가 상대해주지! 톨루엔과 메탄올을 무기로 쓰는 나는 지구 최강 전사다! 내 건강? 내 목숨? 그런 건 몰라. 지금은 불처럼 타오르는 내 도전의식과 빌런들을 때려눕히고픈 야심이 제일 중요하다고!"

사실 독성물질의 최대 피해자는 누가 뭐래도 스파이더맨 본인이었습니다. 그는 항상 자신의 몸에 독성 용매를 지니고 다니며 틈나는 대로 뿜어 썼고, 따라서 그의 중추신경계와 내부 장기들 또한 자신도 모르는 사이 서서히 용매 증기에 잠식되었습니다. 제 아무리 세상을 구하는 히어로의 신분이라 하더라도 그는 엄연히 사회적 약자인 미성년자의 몸을 가지고 있었기에 독성 물질에 더욱 취약할 수밖에 없었습니다. 게다가 톨루엔과 메탄올 증기를 흡입해온 지 올해로 60년이 다 되어 가니 스파이더맨이 근육질의 히어로 몸이 아니었다면 진즉 나가 떨어졌을 것입니다.

'믿지 못하겠다'고 생각하는 분들은 〈스파이더맨: 파 프롬 홈(2019)〉을 다시 한 번 보기 바랍니다. 오랜 기간 독성 용매를 사용한 탓에 그의 환각 상태는 극대화되었고, 이에 마블 제작진은 어쩌면 스파이더맨의 건강 이상설을 감출 겸 홀로그램의 대가인 미스테리오를 섭외한 것 아닐까요? 스파이더맨이 출연할 영화들이 앞으로 몇 개 남지 않았다는 사실이 이런 의심을 더욱 증폭시켜줍니다.

SCIENCE CHANGES THE WORLD SCIENCE CHANGES THE WORLD

SEQUENCE 2

스파이더맨의 거미줄

SCENE 01

완판 신화를 위한 비법

"고분자화라…… 요즘 과학계의 핫트렌드라고 하니 나도 만화에 한번 넣어봐야지. 과학의 세례를 물씬 받아 탄생할 히어로가 가장 이슈가 되는 최신 재료를 쓰지 않는다면 어디 가서 명함이나 내밀 수 있겠어? 좋아! 나는 이 고분자로 판타스틱한 무기를 만들겠어."

1900년대 초반 자그마한 불씨를 지피기 시작한 고분자들은 수십 년 뒤 불같이 활활 타오르며 노벨상의 각 분야를 싹쓸이해가기 시작했습니다. 이 흐름에 가장 멋지게 몸을 맡긴 것은 다름 아닌 스탠 리의 마블 코믹스였습니다. 이후 스파이더맨은 인공 거미줄이라는 독창적인 아이템으로 자신만의 '대박' 독자 노선을 걷게 됩니다.

사실 이러한 대박 행진은 스탠 리가 고분자 노선을 애매모호하게 정했기에 가능한 측면이 있었습니다. 결정성이냐 비결정성이냐의 기로에 놓였을 때 이쪽도 저쪽도 아닌 양다리 전법을 구사한 덕분이었

인공 거미줄의 창시자 스탠 리

어요.

"결정성을 높이면 단단하지만 잘 부러져버리고, 그렇다고 해서 결정성을 낮추자니 말랑말랑한 고무처럼 보여 강도가 떨어질 테고. 에라, 모르겠다! 둘 다 쓰지 뭐. 제2차 세계대전에서 낙하산의 재료로 쓰였다는 나일론 섬유가 아마 이런 특성을 갖고 있다지?"

스탠 리는 자신의 거미인간 스파이더맨에게 양다리 기술을 전수하기 위해 1938년에 발명된 나일론(nylon)을 벤치마킹한 것으로 보입니다. 나일론(nylon 6,6)은 실크 스타킹의 대체 용품을 구상하던 중 미국의 화학회사 듀폰(Dupont)에서 태어났습니다. 나일론 6,6은 나일론의 종류 중에서 가장 일반적으로 쓰이는 종류입니다. 6개의 탄소로 이루어진 분자들이 중합되어 만들어졌다는 의미를 담고 있는데요. 보통 '나일론 더블 식스'라고 부릅니다. 모델명이자 상호명 정도로 볼 수 있지요.

듀폰 연구팀은 나일론을 일컬어 "강철보다 강하고 거미줄보다 가늘다. 석유에서 뽑아낸 벤젠을 기본 재료로 만들었는데 탄성과 광택은 비단보다 우수하다"고 특성을 소개했습니다. 탄성이 강하고 잘 끊어지지 않는다는 불세출의 특성 덕분에 이것을 소재로 만든 여성용 스타킹은 1938년 뉴욕 박람회장에서 최초로 선을 보인 이후 1940년부터 판매되기 시작했는데요. 그 인기가 하늘을 뚫을 만큼 대단해서 한 해 동안 6,400만 켤레를 판매했을 만큼 '완조 완판 신화'의 상징이 되었습니다.

나일론의 재료적인 가장 큰 특징은 아마이드 그룹(amide group,

나무와 나무를 엮어 만든 뗏목

+ 닥터 스코의 시크릿 노트

아마이드 그룹이란 "나는 xxx한 특성을 가진 분자요!!"라면서 자신만의 정체성을 드러내는 분자 내 특정 부위들 중 하나를 말해. 일종의 얼굴 마담 정도로 볼 수 있지. 그중에서도 아마이드 그룹이란 질소(N)와 카보닐기(RCO)가 만나 결합된 형태야.

-CONH-)+들 간에 이루어지는 강력한 수소결합으로 인접한 분자들 사이의 네트워크가 형성됐다는 점입니다. 강가에 놓인 나무토막들을 옆으로 이어 붙여 커다란 뗏목을 만들어낸 〈정글의 법칙〉 김병만 족장을 떠올려보면 쉽게 이해할 수 있을 것입니다. 별로 쓸모없어 보이는 나무토막들이 모여 단단한 뗏목이 된 것처럼 흐물흐물한 선형(linear)의 분자들이 아마이드 그룹이라는 밧줄로 튼튼하게 고정되어 하나의 덩어리가 된 것입니다.

뗏목을 비유 삼아 이야기하자면 이는 설령 하나의 분자가 움직이더라도 전체가 한 몸처럼 출렁거린다는 것을 의미했습니다. '어느 정도의 유동성을 가진 결정성 재료(점탄성 재료; viscoelastic material)'라는 아이러니한 콘셉트의 나일론은 고강성, 고탄력이라는 특성을 발판으로 스타킹으로서의 역할을 해내기에 최적화된 재료였습니다. 사실 '점탄성'이라는 특징은 세상 모든 물체가 갖는 특징입니다. 물체에는 끈적거리는 점성과 탱글탱글한 탄성이 서로 공존하고 있어요. 그런데 일반적으로는 두 가지 특성 중 어느 한쪽에 치우쳐 있습니다. 나일론은 공교롭게도 두 가지 능력을 고르게 갖고 태어난 물질입니다. 겉으로는 부드러워 보이지만 속을 들여다보면 강인하지요. 물질계의 외유내강 형이라고 할 수 있습니다.

이후, 유행에 민감한 뉴욕 시민들을 비롯한 전 세계의 패션피플들은 수십 년간 나일론의 매력에서 빠져 나오지 못했습니다. 현재 대형마트에서는 나일론 재질의 스파이더맨 수트를 판매하고 있는데, 나일론과 거미줄의 만남에 이은 나일론과 수트의 만남이 완판 신화를 다시 만들어낼지 궁금합니다.

SCENE 02

나일론을 뛰어넘는 소재가 등장하다

"우리의 바이오케이블(biocable)은 강철보다 10배 강합니다."

〈어메이징 스파이더맨(2012)〉에서 이종교배 전문가인 커트 코너스 박사를 주축으로 하는 오스코프 사는 자신들이 슈퍼거미로부터 뽑아낸 특수 거미줄 일명 '바이오케이블'이 강철의 10배에 달하는 강도를 보인다고 자랑했습니다. 심지어 비행기도 끈다고 광고를 했습니다. 비록 〈스파이더맨: 홈커밍〉과 만화 원작에서 이야기하는 웹플루이드에 대한 언급은 일언반구도 없었지만 그 완성품인 특수 거미줄과 바이오케이블의 특성은 동일했던 셈입니다.

이후, 오스코프 사로부터 거미줄 카트리지를 스물네 개나 입수한 피터 파커는 이것을 자신의 손목에 장착했습니다. 바야흐로 그의 거미줄은 괴력의 리자드(lizard)로 변신한 코너스 박사를 상대하기에 충분했습니다. 강철보다 10배 강한 거미줄로 재탄생했으니까요. 이는

케블라 섬유는 상업적으로 중요한 고분자 섬유 가운데 하나로 여러 제품의 재료로 사용된다.

1962년 마블이 전 세계에 선을 보인 최고의 강화 섬유였습니다.

그로부터 10년 뒤, 우리가 사는 현실세계에 실제로 스파이더맨의 거미줄에 필적하는 인공섬유가 하나 등장했습니다. 개발의 주역은 이번에도 역시 미국의 화학회사인 듀폰이었는데요. 그들이 공개한 신비의 고강력 합성섬유 이름은 '케블라(Kevlar)'입니다. 당시에는 시제품에 지나지 않았기에 수분에 취약하다는 큰 단점을 안고 있었지만, 강도만큼은 피터 파커의 거미줄과 비슷했습니다.

'뭉치면 살고 흩어지면 죽는다'고 했던가요? 이 섬유로 얼기설기 직조한 옷감은 상상 이상으로 질겼습니다. 날아오는 총알조차 막아낼 만큼 강인했어요. 혼자 있을 때도 튼튼한데, 이를 한데 엮어 모아놓았

⬆ 헬멧에서 폭탄 파편을 수거하는 모습

⬆ 케블라 섬유로 만든 헬멧

으니 그 위력이 어땠을까요? 말해 무엇 하겠습니까? 총알들이 빗발치는 전쟁터는 바로 이 섬유, 케블라의 놀이터가 될 수밖에 없었습니다. 최강의 방어력을 중시하는 헬멧과 군복에 속속들이 적용되었죠. 이른바 '아라미드(aramid) 섬유[+]'의 시대가 열린 것입니다.

+ 닥터 스코의 시크릿 노트

아라미드(aramid)는 'Aromatic polyamide'의 줄임말이야. 문자 그대로 해석하면 방향족 폴리아마이드라는 뜻이지. 같은 중량의 철보다 인장강도가 5배 이상 강하고, 가볍고, 열에 강하고, 잘 찢어지지도 않아서 높은 강도와 경량화가 요구되는 산업분야에 이용가치가 아주 높아.

++ 방향족 고리는 말 그대로 '향이 나는 고리형 분자 구조'를 의미해. 오각형, 육각형, 혹은 칠각형의 형태를 이루는 분자 구조로서 단일 결합과 이중 결합이 교대로 연결하고 있어. 이런 구조를 갖는 분자들이 대부분 '향이 난다'는 특징이 있어 '방향족 고리 화합물'이라는 이름이 붙었지.

아마이드 분자들이 모여 중합된 고분자를 폴리아마이드(polyamide)라고 부르고, 수많은 폴리아마이드들 중에서 벤젠과 같은 분자 구조를 포함하고 있는 것들을 방향족 폴리아마이드(aromatic polyamide), 다른 말로 〈아라미드(aramid) 섬유〉라고 부릅니다. 튼튼하기로 소문난 방향족 고리[++]를 왼손에 하나, 오른손에 하나씩 붙들고 있는 아마이드 그룹(amide group; -COHN-), 일명 '방향족 폴리아마이드'라고 불리는 고분자들은 서로 정렬하는 독특한 특성을 가지고 있습니다. 가뜩이나 튼튼한 분자들이 서로 틈을 두지 않고 빽빽하게 정렬까지 하다니요? 이것이야말로 '물 들어올 때 노 젓는다'는 우리 속담의 나노(nano) 버전 아닐까요?

아마이드 그룹이 방향족 고리를 양손에 붙들어준 덕에 서로 정렬할 수 있었고, 또 그로 인해 총알을 막아내는 능력까지 덤으로 얻게 된 아라미드 섬유! 아라미드 섬유는 직경 5mm의 얇은 섬유인데도 무려 2톤의 무게를 거뜬히 견뎌내는 것도 모자라 500℃ 이하의 온도에서는 녹아내리지도 타버리지도 않는 놀라운 특성을 자랑합니다. 얼마나 강하면 2005년 코오롱인더스트리(Kolon industries)가 자신들이 개발한 아라미드 섬유에 헤라클레스의 이름을 따 '헤라크론(Heracron)'이라고 명명했을까요? 그 마음이 충분히 이해됩니다.

SCENE 03

아이언맨의 그늘에서 벗어나기 위해

아라미드 섬유는 한마디로 현실에서 만날 수 있는 강화 섬유계의 끝판왕입니다. 스파이더맨의 미스터리한 거미줄과 일대일 맞대결을 펼친다 하더라도 전혀 밀리지 않아요. 만약 스파이더맨이 40년만 늦게 태어났더라면 분명 그의 손목에는 방향족 고리들을 포함한 아마이드 그룹이 포진해 있었을 것입니다. 강한 접착력 문제만 해결된다면 전혀 불가능한 상상은 아닐 테지요.

단적인 예를 들어보겠습니다. 바로 옆 동네의 〈배트맨 시리즈〉에서는 1980년대 이후 작품에서 모조리 '배트수트=방탄'이라는 콘셉트가 등장했습니다. 이 모든 게 1970년대 초반 듀폰 사에서 만든 아라미드 섬유로 옷을 해 입은 덕분이었다고 합니다.

적자에 허덕이는 DC코믹스에서조차 최신 트렌드를 이렇게 잘 반영하는데, 우리의 MCU(아니 디즈니, 아니 소니 픽처스)는 언제쯤 스파이더맨을 화학적으로 진화시켜줄지 의문입니다. 토니 스타크가 선물해준 최첨단 수트에 드론과 인공지능이 포함되었다[+]고 해서 설마 그 덕에 스파이더맨의 인기가 고공행진하리라고 기대한 건 아니겠지요?

스파이더맨 고유의 화학적인 능력을 업그레이드시켜주지 않는 이상 앞으로 나올 스파이더맨은 '제2의 아이언맨'이 될 뿐일 겁니다. 설상가상으로 아이언맨이 세상을 떠난 상황이니 스파이더맨에게 더 이상의 진화란 있을 수 없는 걸까요?

스파이더맨은 현재 힘든 시간을 보내고 있습니다. 자신의 정신적 멘토인 아이언맨을 떠나보냈잖아요. 그러나 이 시간을 극복하고 언젠가는 스승을 뛰어넘는 리더가 되어 어벤져스의 수장이 되는 길만이 아이언맨에게 진정으로 보답하는 것 아닐까요? 이 대업을 이루려면 토니 스타크의 인공지능 기술을 적극 활용하는 것은 물론 스파이더맨 자신만이 가지고 있는 능력을 꾸준히 강화하고 확장해야 합니다.

솔직히 말해 스파이더맨은 아이언맨의 후광만으로는 기라성 같은 히어로 무리에 낄 수 없습니다. 운이 좋아 인턴 딱지를 떼고 팀의 일원이 된다 해도 리더급 반열에 오르는 건 사실상 불가능에 가깝습니다. 제임스 로즈 대령의 '워머신'[++]을 보면 어떤 상황인지 이해할

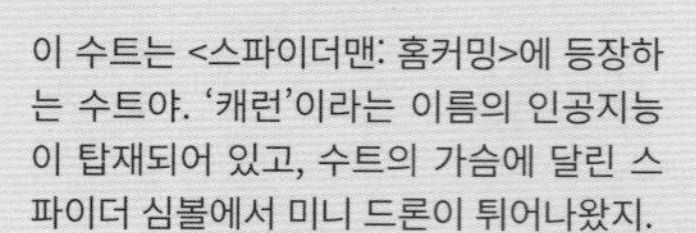

[+] 이 수트는 <스파이더맨: 홈커밍>에 등장하는 수트야. '캐런'이라는 이름의 인공지능이 탑재되어 있고, 수트의 가슴에 달린 스파이더 심볼에서 미니 드론이 튀어나왔지.

[++] 아이언맨 시리즈를 본 사람이라면 로즈 대령을 모를 리 없을 거야. 토니 스타크의 가장 친한 친구이자 미국 공군 장교지. 토니와 때로 갈등하기도 하지만 방황하는 친구를 바로잡아 주려고 진심으로 노력하는 선한 인물이지. 토니가 국방부와 마찰을 빚었을 때에도 그의 편에 서서 변호를 해줬을 만큼 로즈는 토니에게 최고의 친구였어. 그 마음을 잘 아는 토니는 주변 인물 중 유일하게 로즈에게만 아이언맨 슈트를 선물했는데 로즈의 슈트를 '워 머신'이라고 불러.

수 있을 것입니다. 조금 매정하게 들리겠지만, 아이언맨이 없는 워머신이 능력을 개선하거나 스스로 향상하기란 다시 태어나는 것보다 어려운 일일 테니까요.

피터 파커가 이 같은 문제점을 충분히 인지하고 있다면 얼마나 좋을까요? 인공 고분자 섬유가 아닌 실제 거미줄의 강력한 특성을 극대화시키는 노력을 하고 있다면 또 얼마나 좋을까요? 일례로 거미줄 내 '베타시트(β-sheet)'와 같은 구조체의 양을 늘려보는 것도 한 가지 방법이 될 수 있을 것입니다. 베타시트는 아라미드 섬유 내에 존재하는 결정성 영역들처럼 내면에 포함된 단단한 부분(시트 형태)을 지칭하는데요. 베타시트에 대해서는 다음 꼭지에서 더욱 자세하게 설명하겠습니다.

2018년 일본의 이화학연구소(RIKEN)는 거미줄이 그토록 강력한 특성을 보이는 이유로 단백질이 가지고 있는 베타시트라는 구조를 지목했습니다. 다시 말해 베타시트가 지대한 영향을 미쳤다는 뜻인데요. 대체 이 베타시트가 무엇인지 알아봅시다.

SCENE 04

이름도 멋지다, 베라시트

단백질을 구성하는 기본 단위인 아미노산(amino acid)은 '$NH_2CHR_n COOH$'라는 단순하다면 단순한 화학식으로 이루어져 있습니다. 그러나 이때 단순하다는 표현은 오직 각각의 아미노산 분자들이 따로 떨어져 있을 때에만 통용될 뿐, 분자들이 한 군데 모이기 시작하면서부터는 '복잡하다'는 표현이 해당되겠지요.

카복실기(carboxyl group; -COOH)가 드러난 쪽은 전자의 밀도가 살짝 낮기에 약한 (+) 특성을, 반대편의 아미노기(amino group; $-NH_2$)가 드러난 쪽은 전자의 밀도가 살짝 높기에 약한 (-) 특성을 보이는데요. 자석처럼 한 몸에 (+)와 (-) 두 가지 극성 모두를 가지고 있는 이 아미노산 분자들은 같은 공간 안에서 이리 돌고 저리 돌며 알아서 편한 자리를 찾아갑니다. 그 과정에서 카복실기(+)와 아미노기(-)는 서로에게 이끌려 본능적으로 마주하게 되고, 가까워진 둘 사이에는 애정이 싹트기 시작하지요.

이들의 사랑은 곧 결혼이라는 합법적인 결합(공유결합)으로 이어지고, 둘 사이에서는 물(H_2O)이라는 자식이 태어납니다. 하지만 자식이 태어난 게 그리 기쁘지만은 않아요. 이들 신혼부부(한 쌍의 아미노산 분자)는 둘만의 시간을 끝없이 염원하는 Z세대 부부거든요. 그래서 곧바로 물 분자를 독립시킨 후 비로소 다시 하나가 됩니다. 이것이 바로 일명 '다이펩타이드(dipeptide)'+라는 분자의 탄생 설화로 잘 알려진 '탈수축합 반응'++의 메커니즘이랍니다.

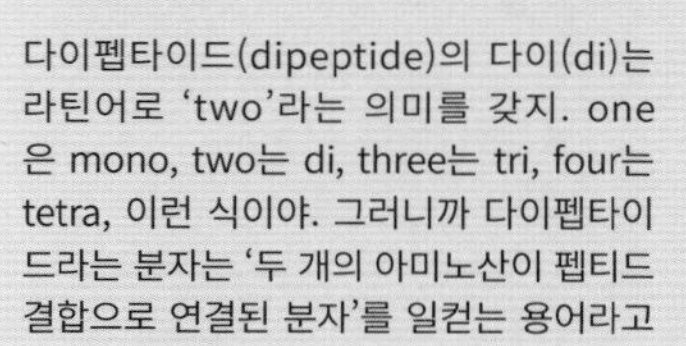

+ 닥터 스코의 시크릿 노트

다이펩타이드(dipeptide)의 다이(di)는 라틴어로 'two'라는 의미를 갖지. one은 mono, two는 di, three는 tri, four는 tetra, 이런 식이야. 그러니까 다이펩타이드라는 분자는 '두 개의 아미노산이 펩티드 결합으로 연결된 분자'를 일컫는 용어라고 하면 이해 끝?

++ 두 개의 분자가 결합하면서 부산물로 물이 생성되는 화학 반응을 말해. 두 분자에서 각각 수소 이온과 수산기 이온이 떨어져서 물 분자가 생기는 것이지.

이렇게 탄생한 다이펩타이드는 각종 부부동반 모임에 참석해서 그들의 인맥을 한없이 늘려갑니다. 이들은 나선 구조처럼 길게 늘어서서 대화를 나누기도 하고, 넓게 펼쳐지기도 하며, 심지어는 주름진 병풍처럼 늘어설 때도 있고, 때로는 공처럼 동그랗게 뭉치기도 합니다. 이런 여러 가지 집단행동 중에서 '주름진 병풍'의 형태가 바로 베타시트 구조인 셈입니다. 나선 구조의 그룹이 주름진 병풍 구조로 빠르게 변이를 일으킨 덕분에 거미줄의 강성이 탄생했다는 게 일본 이화학연구소가 밝힌 연구 결과의 핵심이었습니다.

점보다는 선이, 선보다는 면이 보다 튼튼한 형태입니다. 나선 구조도 엄연히 선의 일종이니 면의 일종인 병풍 구조보다 강도 면에서 약

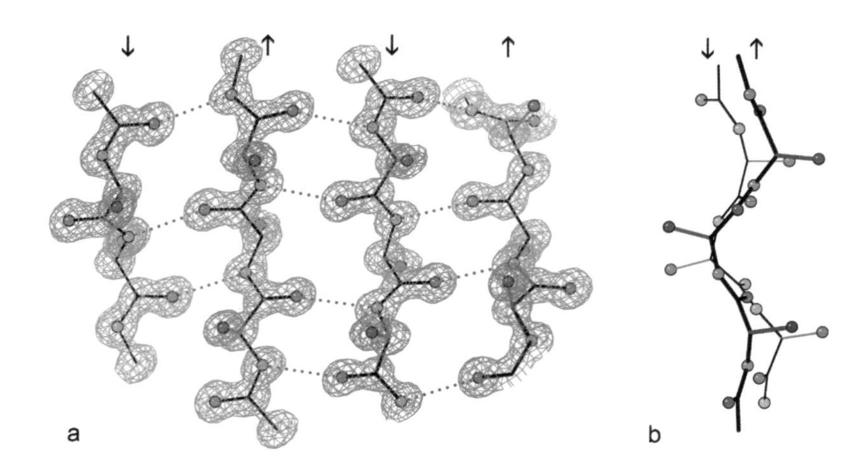

베타시트 구조

할 수밖에 없습니다. 나무젓가락 하나는 비록 약할지 모르나 나무젓가락들이 한데 모여 있다면 강성이 크게 향상되는 것과 같은 원리입니다.

이로 인해 2800℃의 극고온에 이르더라도 타버리기는커녕 '탄소 섬유'로 변형되는 놀라운 추가 특성까지 발현된다는 연구 결과도 있었습니다. 지구 최강의 인공 섬유인 아라미드 섬유가 500℃에서 쓸모없는 탄소 덩어리로 바뀐다는 사실과 비교할 때 이것은 정말이지 세상을 깜짝 놀라게 하고도 남을 사건이었습니다. 만화 원작에서는 이러한 내열 특성을 적극 활용하여 550℃의 불덩이 빌런과 대적할 때 주먹을 감싸 쥐는 기가 막힌 장면을 연출하기도 했습니다. 오죽했으면 5500℃의 극한까지 견딘다는 스페셜 에디션이 나왔을까요?

엄청난 질김, 무시무시한 내열성……. 그러나 거미줄의 신비함은 여기서 끝이 아닙니다. 아라미드 섬유의 탄성 능력(16%가량 늘어남)을 가볍게 넘어서는 천연 거미줄의 탄성력(31%가량 늘어남)은 탄성체의 왕이라 일컫는 고무줄과 비견될 정도입니다. 현재 세계 여러 나라에서 이러한 천연 거미줄을 어떻게 하면 대량으로 생산할지 연구하고 있습니다. 그런데 사실 이러한 연구는 다음과 같은 단순한 접근에서부터 시작되었습니다.

"그게 뭐 어려워? 그냥 누에처럼 공장에 한데 몰아넣고 거미줄을 뽑아내라고 채찍질하면 되잖아?"

하지만 이 발상은 안타깝게도 누에와 거미의 성격 차이를 신중하게 고려하지 못한 '태클질'에 불과했습니다. 거미는 누에와 달리 스트레스에 취약할 뿐만 아니라 자신의 영역에 누군가 침범하는 걸 눈 뜨고 지켜보는 성격이 절대 아니었기 때문입니다. 붙여만 놓으면 서로 으르렁거리며 치고 박고 싸우기 일쑤지요. 애당초 단체 생활이 불가능한 종족이라고 생각하면 됩니다. 그런 거미들을 한곳에 모아 놓고 동시에 실을 뽑아내라고 채찍질을 하면 어떻게 될까요? 차라리 누에에게 "얘들아, 착한 너희가 거미 대신 거미줄을 뽑아주면 안 되겠니?"라고 부탁하는 편이 나을 것입니다.

물론 도덕적으로도 문제가 있어요. 따지고 보면 거미한테는 죄가 없습니다. 그 뛰어난 능력이 문제라면 문제인데요. 거미 입장에서는 '내 전생에 무슨 죄를 지었다고 일평생을 실 뽑아내는 기계로 살아가야 한단 말인가?' 하면서 한탄할 만합니다. 인간의 주특기인 '내 뜻대로 해석해서 남 부려먹기 신공'도 상황을 봐가며 써야겠지요?

욕심 많고 잔머리까지 뛰어난 인간들은 결국 계획을 수정했습니다. 이 새로운 계획의 이름이 바로 '남의 몸 빌리기'입니다.

SCENE 05

유혹에 넘어간 거미의 대리인들

비단길이라고 일컬어지는 실크로드(Silk Road)는 단일 종의 섬유를 뽑아내는 누에로부터 비롯되었습니다. 실크로드라는 말은 처음엔 고대 중국과 서역 여러 나라 사이에서 비단을 비롯한 여러 가지 상품을 사고파는 교통로를 총칭하는 표현이었지만, 나중에는 그 무역을 통해 동서양이 정치·경제·문화의 영역에까지 서로 영향을 주고받게 된 문화현상을 통칭하게 되었습니다.

이처럼 전 지구적으로 비단 물결이 일어나게 된 근거로 보통 누에에서 실을 뽑는 시스템(방사 시스템)이 대량 생산에 최적화되었다는 점을 꼽습니다. 이에 비교하면 거미의 방사 시스템은 대량 생산은커녕 중량 생산, 아니 소량 생산도 어렵습니다. '극미량 생산'이라고 말하면 될까요? 그나마 뽑아내는 극미량의 실마저도 자신의 보금자리를 만드는 데 올인(all-in)하는 마당이니 우리 인간에게 돌아오는 양은 기대하기 힘들겠지요.

하지만 호기심과 이기심으로 똘똘 뭉친 우리 인간 종은 잠재력이 무한한 거미종의 신비한 거미줄을 그대로 두고 볼 수만은 없었습니다. 한 번에 200m가량의 거미줄을 만들고, 한 몸에서 최대 일곱 종류의 거미줄을 생산하다니, 거미라는 동물은 정말 신기한 생물입니다. 인간이 천연 거미줄을 어떻게든 손에 넣고 싶어 했던 마음도 이해됩니다.

만화 원작 역시 이 원대함을 대변이라도 하듯 스파이더맨의 거미줄이 웹슈터의 스위치를 누르는 방법에 따라 여러 가지 형태로 변형된다고 했습니다. 일례로 손바닥의 스위치를 짧게 두 번 누르면 거미줄 타기(web swing)용 얇은 밧줄이 튀어나온다고 하고, 길게 한 번만 누르면 상대방을 묶기 위한 튼튼하면서도 두꺼운 줄이 나온다고 하며, 짧게 여러 번 누르면 상대방의 시야를 방해할 수 있는 분무기 형태의 얇은 가닥들이 흩뿌려지는 형태로 나온다고 했습니다. 심지어 아주 길게 누르면 아예 경화되지도 않은 웹플루이드 원액이 발사된다고도 했습니다. 다양한 형태를 보이는 천연 거미줄이 모티브가 되었다는 것을 확신하게 해주는 내용이지요.

어떻게 하면 거미의 능력과 재산을 가져올 수 있을까 고민하던 인간들은 결국 다른 길로 돌아가는 방법을 고안해냈습니다. 거미의 능력치를 그대로 다른 이에게 옮겨 거미 대신 거미줄을 뽑아내게 만든 것입니다. 신기한 이야기처럼 보이지만 어딘가 모르게 씁쓸한 상황입니다. 인간이 아무리 탐욕의 끝판왕이라 해도 거미의 능력까지 도용한다는 게 너무 치사해 보이잖아요. 인간의 탐욕에 대해서라면 하고 싶은 말이 넘치지만 신세 한탄은 이쯤에서 끝내고 '거미의 대리인' 이야기로 돌아가 봅시다.

어떻게든 거미의 능력을 이용해보고자 연구자들은 거리로 나가 대리인 모집 광고 전단지를 뿌려대기 시작했습니다. 스파이더맨이 출현하지 않았던 시기라면 다들 무시하고 지나쳤겠지만, 이제는 180도 달라진 상황입니다. 거미줄 홍보 대사 격인 마블 코믹스를 통해 대중은 이미 천연 거미줄의 슈퍼 파워에 대해 익숙해졌으니까요. 결국 사람들은 너도나도 전단지를 받아들었고, 지구 곳곳에서 대량의 거미줄을 뽑아내기 위해 젖 먹던 힘까지 쏟아내기 시작했습니다.

그러나 해결의 실마리는 좀처럼 풀리지 않았습니다. 누구에게든 자신의 고충을 털어놓아야겠다고 마음먹은 과학자들은 이 상황에 대해 아무런 사전 정보를 얻지 못한 누에와 염소들을 불러 모았습니다.

"너희는 좋겠다. 누에는 실 잘 뽑아낸다고 사람들이 공장까지 만들어주지, 염소는 우유 시장에 발 들인 것도 모자라 요즘은 자기네 젖이 진짜 건강식품이라며 분유(산양 분유)까지 만들어 비싸게 팔고 있으니 말이야. 나는 언제쯤 너희들처럼 마음 편하게 살 수 있을까? 너희 그러지 말고 나랑 동업하지 않을래? 음식과 거처는 풍족하게 제공해줄게. 최신식 가구를 갖춘 깨끗하고 아늑한 거처에 완전한 건강식품만 제공할게, 제발 여기 계약서에 사인만 해주라."

불쌍한 누에와 염소는 결국 달콤한 유혹에 넘어가고 말았습니다. 자신의 몸을 내어주겠다는 계약서에 덜컥 서명한 것입니다.

SCENE 06

대리 후보군의 스펙은 상상을 초월한다

+ **닥터 스코의 시크릿 노트**

넥시아 바이오테크놀로지 사는 캐나다 몬트리올에 위치해 있는데 세계 최초의 복제 염소를 만든 회사로 아주 유명하지. 인간 유전자를 가진 동물(염소)을 만드는 것을 최종 목표로 삼고 있는 기업이야. 인간의 유전자를 가진 염소라니, 상상만으로도 좀 섬뜩한 걸?

지금으로부터 20년 전인 2000년, 거미줄 단백질의 비밀을 해독(1989년)해낸 와이오밍 대학으로부터 기술 이전을 받은 '넥시아 바이오테크놀로지(캐나다의 생명공학회사)'+는 거미의 유전자를 염소의 젖샘 세포에 이식하는 데 성공했습니다. 그로부터 2년이 지난 2002년 5월, 넥시아 바이오테크놀로지 사는 세상이 깜짝 놀랄 만한 내용을 발표합니다.

"우리는 거미 유전자를 어미 염소에게 주입했고, 그 염소가 낳은 새끼로부터 우유를 얻었습니다. 우유 속에는 역시나 거미줄을 구성하는 단백질 성분이 다량 포함되어 있더군요. 쓸모를 다한 우유와 여분의 불순물들을 제거하니 순수한 거미줄 단백질만 얻을 수 있었습니다. 우리는 이것을 가지고 무려 18km에 달하는 거미줄을 뽑아냈습니다. 염소가 거미줄을 짜낸 셈이죠. 염소의 젖에서 얻어낸 이 거미줄의 이름은 '바이오스틸(biosteel)'이라고 정했는데요, 이것이 앞으로 대량생산의 길을 열어줄 것입니다."

〈어메이징 스파이더맨〉에 등장하는 가상의 '오스코프 사'를 기억하십니까? 〈어메이징 스파이더맨〉 시리즈에 등장하는 초거대 기업이자, 모든 악의 근원이라고 볼 수 있는 회사인데요. 영화에서는 피터 파커의 아버지가 세상을 떠나기 전에 몸 담았던 곳이라고도 설명하지요. 훗날 리자드로 다시 태어나는 커트 코너스 박사와 함께 연구에 대한 열정을 불태웠던 회사입니다. 오스코프 사는 스파이더맨의 다른 시리즈에도 꾸준히 등장하는데 나중에는 피터 파커의 오랜 친구 해리 오스본이 아버지 노먼 오스본(그린 고블린)의 뒤를 이어 CEO로 앉게 됩니다.

'오스코프 사'에 '바이오케이블'이 있다면 현실의 넥시아 바이오테크놀로지 사에는 '바이오스틸'이 존재하게 된 것입니다. 바이오케이블을 슈퍼 거미들이 뽑아냈다면 바이오스틸은 슈퍼 염소들이 뽑아낸 것인데요. 만화와 현실의 절묘한 평행이론은 이렇듯 염소와 거미의 어울리지 않는 만남에서 탄생했습니다.

어울리지 않는 만남은 이것뿐만이 아니었습니다. 동물과 동물의 만남에서 더 나아가 동물과 식물 간의 충격적인 만남을 제안한 사람도 있었습니다. 캘리포니아대학의 생물학 교수인 셰릴 하야시는 거미줄 유전학을 연구하는 사람인데요. 그녀는 이마저도 비효율적이라면서 농작물과의 혼합만이 대량화를 앞당길 수 있다고 주장했습니다. 그러고는 담배잎(tobacco)과 토마토(tomato)에 거미줄 유전자를 심어 어느 정도의 거미줄 수확을 거두었습니다. 세상에! 염소젖과 식물의 조합으로 뽑아내는 다량의 거미줄이라니, 스파이더맨이 활약하기 시작할 무렵에는 도무지 상상조차 할 수 없었던 일입니다.

미처 소개하지 못했지만 일본의 벤처기업 '스파이바(Spiber)'+에서는 미생물을 통해 '큐모노스(QMONOS)'라는 인공 거미줄을 만들어내 자동차 시트업계와 의류업계의 문을 두드렸고, 미국의 '크레이그 바이오크래프트 연구소(KBL)'는 누에고치에서 '몬스터실크(Monster silk)'라는 이름의 거미줄을 뽑아내기도 했습니다.

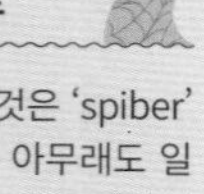

+ 닥터 스코의 시크릿 노트

발음이 조금 이상하지? 적는 것은 'spiber'인데 읽을 때는 '스파이바'야. 아무래도 일본 회사다보니 그들의 발음 그대로 표현하는 거겠지?

지금까지의 이야기를 토대로 볼 때, 스파이더맨은 향후 자신의 웹슈터에 담길 재료로 어느 것을 선택하게 될지 궁금합니다. 아라미드 섬유로 대표되는 인공강화 섬유일까요, 아니면 애초부터 튼튼한 천연 거미줄 섬유일까요? 아라미드 섬유를 쓰자니 천연 거미줄의 탄성 능력이 아쉽고, 천연 거미줄을 쓰자니 대량 생산이 순조로운 아라미드 섬유가 아쉽기만 합니다. 현재 아라미드 섬유와 천연 거미줄 간의 대결은 그 결과를 예측하기 어렵습니다만, 결론이 어디로 나든 전혀 이상하지 않을 것입니다.

만일 누군가가 스파이더맨의 골수팬인 제게 '어느 쪽이 낫겠냐'고 물어온다면 저는 망설임 없이 인공강화 섬유인 아라미드의 손을 들어주고 싶습니다. 섬유의 능력치를 비교해서 그런 것은 아닙니다. 전투마다 거미줄을 남발해대는 우리의 히어로는 아직 낭비벽이 심한 철부지 청소년이잖아요. 그런 만큼 이미 대량화에 성공한 아라미드 섬유가 좀 더 낫겠다 싶었기 때문입니다. 특별한 벌이가 없는 터에 천연 거미줄의 소량 생산에서 오는 고비용화를 견뎌낼 수도 없거니와 설령 은행에서 대출을 받으려 해도 보호자인 메리 숙모의 도움이 꼭 필요한 상황이니까요. 잘못했다가는 대학도 들어가기 전에 신용불량자가 될지도 모르니 비용 측면을 무시할 수 없을 겁니다.

비록 아라미드 섬유는 수분에 취약하다는 단점이 있지만, 이를 극복하는 것이 신용불량자의 수렁에서 빠져나오는 것보다 훨씬 수월하지 않을까요? 빚쟁이들로부터 도망치기 위해 거미줄을 쏘아대는 스파이더맨의 모습은 팬으로서 상상하고 싶지 않거든요!

SCENE 07

이겨내지 못할 바엔 밀어내기

"쟤네들 진짜 대단하지 않냐? 중학생 꼬맹이들이 저런 걸 어떻게 발견한 거야? 이건 뭐 논문 감이네. 조금만 다듬으면 상위 클래스의 저널(journal)에도 밀어볼 만한데?"

2008년 9월. 대한민국의 과학자들은 신선한 충격을 받았습니다. MBC 뉴스데스크(2008.9.18)에서 보도한 중학생들의 놀라운 발견 때문이었어요. 그들은 거미가 거미줄에 맺힌 이슬을 제거하는 신비로운 광경을 촬영하고 그에 대한 해석까지 끝마친 상태였습니다. 화제의 주인공은 당시 충남 서산 부춘중학교 1학년에 재학 중이었던 조성민 군과 최지우 군입니다. 이들은 제54회 전국과학전람회에 '거미는 거미줄의 아침이슬을 왜 제거할까?'라는 연구결과를 공동으로 출품하여 그 해 학생부 대통령상에 선정되었습니다. 대통령상을 수상한 조성민·최지우 군은 거미줄에 맺힌 이슬이 햇살에 증발할 거라는 일반인의 생각과 달리 거미가 직접 발가락이나 입을 사용해 제거한다는 사실을 밝혀냈습니다.

얼기설기 엮인 거미줄을 세로줄과 가로줄로 나눠볼 때, 세로줄은 거미의 이동통로로서, 그리고 가로줄은 먹이를 붙여두는 저장소로 활용된다는 사실을 바탕으로 가로줄에 묻혀 놓은 점액성 끈끈이 물질이 이슬에 희석될까 봐 미리 제거하는 행동임을 밝혀낸 것입니다. 또한 이슬방울의 무게 때문에 거미줄이 축 늘어지면 애써 잡아서 붙여놓은 먹잇감들이 쏙쏙 빠져나갈지도 모르기에 이런 사고를 미연에 방지하려고 아침이슬 제거 작전을 시도한 것이라고 설명했습니다.

어린 과학자들의 설명은 사실입니다. 그 누구인들 자기가 쳐놓은 덫이 물바다가 되는 것을 좋아하겠습니까? 마른반찬에 물을 부으면 그 맛이 싹 사라지는 것과 같은 이치입니다. 더욱이 하루 종일 끼니 걱정을 해야 하는 거미들에게는 생사가 걸린 중대한 문제입니다. 그만큼 거미줄에 수분이 침투하지 않도록 성심 성의껏 보살펴야 했겠지요. 아마 이 문제로 거미들은 부담감을 엄청 느꼈을 겁니다. 웬만한 일상의 스트레스를 넘어서는 수준이었을지도 모르죠.

그런데 문제가 하나 있었습니다. 수분 침투를 방지하는 게 아무리 중요한 임무라고 해도 하루 24시간 내내 거미줄에 딱 달라붙어서 뜬 눈으로 지새울 수는 없습니다. 다 먹고살려고 하는 짓인데 하루 종일 물이 묻는지 안 묻는지만 감시하고 있으면 정작 먹이는 누가 잡아오고 보관은 또 누가 어떻게 하나요? 이에 거미들은 이구동성으로 "우리는 허수아비처럼 보초만 서면서 시간을 낭비하고 싶지 않다"고

⬆ 이슬 맺힌 거미줄

외쳤습니다.

오랜 세월 고민에 고민을 거듭한 거미들은 드디어 해결책을 찾아내고야 말았습니다. 자기들이 뽑아내는 거미줄 자체에 방수 능력을 부여한 거예요. 이 작전을 수행하기 위해 거미들은 '멤브레인(membrane) 구조'+를 도입해 애초 거미줄에 수분(물방울)이 침투하지 못하도록 디자인을 마무리했습니다. 아무런 죄가 없는 공기 입자들(수증기 포함)은 무사히 통과시켜주고요. 다시 말해 '선택적 분리'를 한 것입니다.

+ 닥터 스코의 시크릿 노트

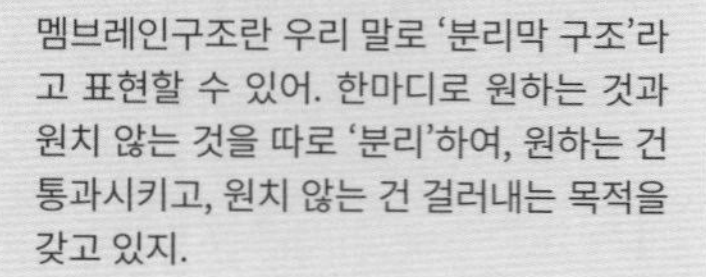

멤브레인구조란 우리 말로 '분리막 구조'라고 표현할 수 있어. 한마디로 원하는 것과 원치 않는 것을 따로 '분리'하여, 원하는 건 통과시키고, 원치 않는 건 걸러내는 목적을 갖고 있지.

이제 와서 하는 이야기지만, 스탠 리가 만들어낸 슈퍼 빌런들 중에도 물 공격이 주특기인 하이드로맨(Hydro-Man)이 있잖아요? 그가 과연 방수 능력이 월등한 스파이더맨의 거미줄을 이겨낼 수 있었을까요? 하이드로맨의 운명은 〈어메이징 스파이더맨#212〉+에 처음 등장한 순간부터 이미 정해져 있었던 것 같습니다. 어쩌면 정의감이 넘치는 스탠 리가 스파이더맨에게 유리하도록 꾸며낸 발칙한 기획이었는지도 모르고요. 그러니까 〈스파이더맨: 파 프롬 홈〉에서 우리의 히어로가 하이드로맨의 물세례를 감당하지 못하고 미스테리오에게 바톤 터치 한 번 해줬다고 해서 불쌍히 여기거나 "너무 약한 것 아니냐?"면서 기분 나빠할 필요가 전혀 없다는 말씀입니다.

+ 닥터 스코의 시크릿 노트

1981년 1월에 발간된 만화 원작의 권(호)을 나타내는 기호야. <어메이징 스파이더맨 212권(212호)>이란 뜻이지.

스파이더맨이 거미줄을 버리지 않는 이상 적어도 물 공격 따위에 나가떨어질 일은 없을 거라는 뜻입니다. '촉촉'해지긴 할지언정 수장될 일은 절대 없을 겁니다. 문제는 도리어 물에 푹 잠겨서 젖어야 되는 부분까지 '촉촉'해지기만 한다는 점인데요. 따라서 정작 걱정할 일은 따로 있었습니다.

SCENE 08

풍성한 머리숱에 숨겨진 치명적인 단점

'촉촉해지기는 해도 수장될 일은 절대 없는' 거미줄과 물 사이의 문제를 우리의 주인공 피터 파커의 헤어스타일과 연결하여 생각해봅시다.

〈스파이더맨 3부작(2002~2007)〉을 책임진 토비 맥과이어와 〈어메이징 스파이더맨1, 2(2012~2014)〉의 앤드류 가필드, 그리고 〈스파이더맨: 홈커밍, 파 프롬 홈(2017~2019)〉의 톰 홀랜드를 기억하시죠? 네이버 인물정보에 의하면 토비와 톰의 신장은 173cm인 반면, 앤드류는 179cm라고 합니다. 또한, 토비와 톰에겐 특유의 어눌함과 귀여움이 포인트라면 앤드류는 훤칠한 매력이 포인트입니다.

아, 앤드류의 매력에는 키 외에 다른 요소가 하나 더 있습니다. 바로 풍성한 머리숱입니다. 잘생긴 외모와 더불어 장신(長身)에 풍성한 머리숱이라니, 앤드류 가필드는 누가 뭐래도 스파이더맨에게 고급스러움을 입혀준 일등공신인 것 같습니다. 그런데 그의 풍성한 머리숱은 보는 이에겐 흐뭇한 매력 포인트이지만 본인과 머리 손질을 담당하는 헤어디자이너에게는 골치 아픈 조건이 아닐 수 없습니다.

"고객님께서는 머리숱이 많으셔서 참 좋으시겠어요(아, 짜증나. 머리숱이 하도 많아서 가위가 잘 안 들어가). 남들은 풍성해 보이려고 위로 붕붕 띄우느라 헤어스프레이를 몇 통씩 쓴다는데 고객님은 돈 쓸 일이 없잖아요(커트 요금 더 받아야 되는데 봐주는 거야). 자, 다 됐습니다. 저리로 가셔서 머리 감으세요(물이라도 들어가면 다행이겠네. 나 힘드니까 당신이 알아서 감아라)."

헤어디자이너의 칭찬에 기분이 좋아진 앤드류는 룰루랄라 혼자 머리를 감아보려 애쓰지만 웬걸요. 그의 머리카락 숲은 웬만해서는 물줄기의 침입을 용납하지 않습니다. 게다가 앤드류는 열 손가락에 힘을 주어 머릿속을 빡빡 문지를 만큼 세심한 소년이 아니었습니다. 그 결과 거의 매번 겉만 훑고 지나가는 물방울 덕분에 두피는 갈수록 말라가고, 깨끗하게 씻겨나가지 않은 불순물들이 남아 있다가 기어이 두피 건강을 위협하는 수준에 이르게 되었습니다.

앤드류의 머리카락 사정을 좀 더 자세히 들여다볼까요? 머리카락 수풀이 아닌, 머리카락 한 가닥을 이야기하자면 상황이 달라집니다. 물방울의 크기는 대략 100~3000μm인 반면, 모발의 최외곽층인 큐티클(cuticle)은 0.5~1μm의 두께에 지나지 않습니다. 이마저도 여러 겹으로 이루어져 있어요. 그러니 거대한(?) 물방울이 좁다란 통로를 통과해 내부로 침투하기란 스파이더맨이 웹슈터의 노즐 안으로 들어가는 것만큼 어려운 일이 될 것입니다. 스파이더맨이 앤트맨처럼 나노 크기로 줄어들지 않는 한 불가능에 가까운 일이랍니다.

다시 말하자면 겹겹이 쌓인 큐티클 층은 공기 중에 둥둥 떠다니는 0.0004μm(=0.4nm) 크기의 물 분자들만이 뚫고 들어갈 수 있다는 뜻입니다. 비록 앤드류의 머리카락 밀림이 물방울을 허용하지 않는다 하더라도 모발만큼은 촉촉함을 유지하게 되는 비결이지요.

SCENE 09

습윤 드레싱의 방법은 계속 진화한다

거미가 뽑아내는 거미줄 또한 앤드류의 모발처럼 오로지 크기가 작은 물 분자에게만 마음을 열어왔습니다. 어디 그뿐일까요? 거미줄의 단백질 중 '피롤리딘(pyrrolidine)'+이라는 분자의 구조는 수분과 친하다고 널리 알려져 있습니다. 얼마나 친한지 한 번 침투해 들어온 물 분자는 절대 놔주지 않는다고 합니다. 보이는 족족 낚아채기 바쁘거든요. 이렇게 해서 거미줄은 푸석푸석함과는 거리가 먼, 딱히 관리를 받지 않아도 촉촉함을 유지할 수 있는 상태가 된 것입니다. 모두가 부러워하는 MJ의 찰랑거리는 머릿결처럼요.

+ 닥터 스코의 시크릿 노트

피롤리딘은 오각형의 고리 형태를 갖는 유기 화합물로 물과 대부분의 유기 용제와 섞이는 무색 액체야. 유기 화합물은 홑원소물질인 탄소, 산화탄소, 금속의 탄산염, 시안화물·탄화물 등을 제외한 모든 탄소화합물을 이르는 말이지.

여러분도 〈어메이징 스파이더 맨〉을 보셨지요? 여기 보면 도마뱀

박사와 싸우던 스파이더맨이 경찰이 쏜 총에 상처를 입은 채로 여자 친구 그웬을 구하려고 건물들 사이를 뛰어다니는 모습이 나옵니다. 이때 그가 어떤 행동을 했는지 기억하세요? 스파이더맨은 총상을 입자 그곳에 거미줄을 쏘아 상처를 뒤덮고 난 뒤 힘껏 달립니다. 스파이더맨도 자신의 거미줄이 투습성과 방수성을 동시에 지닌다는 사실을 알고 있었던 것입니다. 크기가 작은 공기 분자와 물 분자들은 통과(통기성과 투습성)시키는 것과 동시에 세균이 번식할 수 있는 물방울들을 막아줍니다. 이 말은 곧 상처 부위의 괴사를 막으면서도 세균들의 침입을 애초에 예방할 수 있다는 뜻이지요.

스파이더맨의 거미줄에 약물 성분이 없다는 점이 조금 아쉽지만 일촉즉발의 긴급 상황에서 촉촉한 거미줄로 상처를 봉합한다는 발상이 튀어나왔다는 것만으로도 스파이더맨의 재치를 가늠할 수 있습니다. 그러나 스파이더맨이 진정 위기에 빠진 인류를 구한다는 임무를 띤 히어로라면 상대방을 공격하려는 목적보다는 치유 쪽에 무게를 더 두어야겠지요. 이참에 다른 히어로들과 다른 자신만의 치유 능력을 좀 더 개발해보면 어떨까요? 거미줄에 '습윤 드레싱'✚으로서의 역할만 주는 것은 분명 한계가 보이는 일일 테니 말입니다.

✚ 닥터 스코의 시크릿 노트

습윤 드레싱 혹은 습윤 밴드란 상처를 밀폐하여 습윤 상태, 즉 촉촉한 상태를 유지하기 위해 사용하는 밴드야. 상처를 보호하고 치유를 촉진하는 역할을 맡아주지.

그렇다면 치유 히어로를 위한 첫 걸음으로 무엇이 좋을까요? 아무래도 지혈과 뼈 접합 기술부터 익히는 것이 좋을 듯합니다. 상처 입은 자들의 흐르는 피를 멈추고 부러진 뼈를 다시 이어 붙여준다면 스파이더맨은 전 세계 곳곳의 전쟁터나 병원에서 가장 먼저 찾는 히어로가 될 것이고, 의무병으로서의 탄탄대로가 열릴 것입니다.

"스파이더맨! 지금까지 60년간의 인생 제1막에서는 코트 안의 최전방 공격수로서 살아왔다면, 이제 인생 제2막에서는 전장 밖의 의료진으로 지내보는 게 어때요?"

SCENE 10

지혈과 접합 능력

'표면이 (-)전하를 띠고 있는 입자와 만난 혈액은 빠르게 응고된다.'

이것은 의/약학계의 공통된 의견으로 스파이더맨이 활약하기 이전부터 이미 잘 알려진 의학 상식입니다. 상처를 치유할 때 혈액을 보다 빨리 응고시키는 문제는 무엇보다 중요한 이슈입니다. 따라서 대다수의 연구가 '빠른 응고'를 목적으로 진행되었던 것도 당연한 것이지요. 이 과정 중에 (-)전하를 띤 입자가 지닌 '혈액 응고 능력'이 발견되었는데 이 소문은 급속도로 널리 확산되었습니다.

작심한 바 있어 빨간 쫄쫄이 의상을 던져버리고 새하얀 의사 가운을 걸치게 될 닥터 스파이더 또한 잘 알고 있는 내용이지요. 현실의 과학자들도 마찬가지입니다. 그들은 위의 조건에 걸맞은 입자들을 수소문했고, 마침내 크게 세 종류의 재료가 오디션을 통과했습니다. 시멘트의 주요 구성 성분으로 잘 알려진 '셀라이트(celite)'+와 유리의 성

2000년대 초반 출시된 지혈 거즈

분인 '실리카(silica)'++ 그리고 마지막으로 고령토의 성분인 '카올린(kaolin)'+++ 입니다. 이른바 '(-)입자 삼총사'입니다.

미국의 의약품 회사인 '지-메디카(Z-medica)'는 12년의 오랜 연구 끝에 2000년대 초반 카올린을 이용한 지혈 거즈를 세상에 내놓았습니다. 응고가 빠르다는 의미인 '퀵클랏(QuikClot)'이라는 상품 이름에서 볼 수 있듯이 이 거즈는 카올린 입자를 표면에 코팅하여 상처 부위에 가져다 대면 철철 흐르던 피가 불과 5분 만에 멈춘다고 합니다. 물론 지혈 과정 중에 어떠

+ 닥터 스코의 시크릿 노트

셀라이트란 이산화규소가 주성분인 분말로서 액체 내의 불순물을 걸러내기 위한 여과제나 정화제 혹은 흡착제로 사용되는 소재야.

++ 실리카는 이산화규소 자체를 의미하기도 하며, 결정형의 차이에 따라 석영, 수정 혹은 실리카겔 등을 형성하지.

+++ 카올린은 알루미늄과 수분을 포함한 규산염 광물로서 중국의 가오링(고령) 지역에서 처음 발견된 백색점토라 하여 '고령토'라고 부르기도 해.

한 부작용도 없다고 전해지고요. 그뿐인가요? 단순한 상처를 넘어선 총상과 같은 치명상에도 탁월한 지혈 효과를 보인다고 하니, 어느 누가 이것을 사용하기를 마다하겠습니까? 최근 몇 년간 위급 상황과 긴급 상황이 난무하는 각종 전쟁터에서 너 나 할 것 없이 이 거즈를 가져다 쓴 데에는 다 그만 한 이유가 있었던 것입니다.

그러나 응급처치인 지혈만 가지고는 완전한 치유를 기대할 수 없는 법입니다. 만일 스파이더맨, 아니 닥터 스파이더가 돌팔이를 꿈꾸는 게 아니라 진정한 치유 능력을 갖기 원한다면 '뼈 접합'과 같은 근본적인 치료 능력을 겸비해야 합니다. 우리는 이미 〈스파이더맨: 홈커밍(2017)〉에서 그의 신묘한 접합 능력을 체험했습니다. 두 동강 난 여객선을 수십 가닥의 거미줄로 힘겹게 붙들고 있던 스파이더맨의 모습이 떠오르시죠? 스파이더맨은 자신의 접합 능력을 조각 난 여객선을 붙이는 데 써보고자 했습니다. 하지만 그의 순수한 열정은 접합의 신 아이언맨이 등장하는 순간 물거품이 되고 말았습니다. 여객선 양쪽 측면에서 밀어붙이는 아이언맨의 드론들 덕분에 스파이더맨은 두 팔이 떨어져나갈 것 같던 고통에서 해방될 수 있었습니다. 물론 두 동강 난 여객선은 아이언맨이 쏜 레이저 덕분에 깔끔하게 용접까지 마쳤고요.

스파이더맨이 아이언맨에게 밀린 진짜 이유는 무엇일까요? 하늘을 나는 철갑 옷이 없어서, 아니면 히어로 활약하는 데 경험이 부족해서? 모두 아닙니다. 가장 근본적인 이유는 스파이더맨이 자기 거미줄을 어디에 어떻게 써야 하는지 정확하게 알지 못했다는 데 있습니다.

⬆ 거미줄을 쏘아 여객선을 봉합하는 스파이더맨

다시 〈스파이더맨: 홈커밍(2017)〉의 멋진 장면들을 떠올려봅시다. 그는 애초부터 여객선 조각을 붙이려고 호들갑을 떨지 말아야 했습니다. 그보다는 여객선 안에서 고통에 몸부림치고 있던 골절 환자들을 먼저 찾아갔어야 했어요. 그의 강력한 거미줄이 제대로 쓰일 곳은 여객선의 금속 뼈대가 아닌 노인의 부러진 다리와 어린아이들의 금이 간 갈비뼈였습니다.

지금으로부터 불과 1년 전, 미국 코네티컷 대학의 생물공학 연구팀은 거미줄의 단백질을 이용해 부러지거나 금이 간 뼈를 붙이는 신기술을 개발하여 발표했습니다. 뼈가 붙도록 일정기간 덧대던 금속판은 염증이나 합병증을 비롯한 여러 부작용들을 동반하기에 사용이 꺼려지고 있던 참에 인체에 친화력이 있는 거미줄이 동원된 것입니다. 이는 기존의 금속 보형물처럼 착용하기가 거추장스럽지 않고, 치료 기간 동안 뼈의 성장을 억제하지도 않으며, 환자에게 불편을 끼치지도 않는다고 합니다.

일련의 예들처럼 스파이더맨의 거미줄이 고령토 성분과 만나면 지혈 효과를 보이고, 부러진 뼈와 만났을 땐 무엇보다 튼튼한 접착제로 쓰일 수도 있지 않을까요? '거미줄+고령토'와 '거미줄+뼈'의 만남은 언뜻 보아서는 서로 어울리지 않는 듯하지만, 이러한 시선은 조화로움만을 추구하는 우리의 고정관념 때문이 아니었을까요? 인류가 이뤄낸 급격한 발전이 수많은 부조화들로부터 시작됐다는 사실을 잊지 말아야겠습니다.

SCENE 11

함께할 수 없는 슬픈 운명이라니

"쯧쯧. 재들은 언제는 친하게 잘 지내는 것 같더니만 지금은 의견 좀 안 맞는다고 눈을 희번덕거리면서 싸우네. 힘깨나 쓴다고 상대방 의견 따위는 안중에도 없이 자기들 주장만 앞세우다니. 인간들은 다 똑같아. 하나같이 성깔만 부린다니까!"

여러분, 우리는 〈캡틴 아메리카: 시빌 워(2016)〉를 통해 슈퍼히어로들도 끼리끼리 어울린다는 놀라운 사실을 알게 되었습니다. 이런 것을 요즘 친구들은 '끼리끼리 사이언스'라고 하더군요! 어쨌든 히어로들은 아이언맨 파와 캡틴 아메리카 파로 나누어졌고 각 진영에는 팀장을 제외하고 4명씩 배치되었습니다. 얼마 후 이에 더해 신규 인력들이 한 명씩 충원되었고요. 각 진영의 멤버는 다음과 같습니다.

아이언맨 파 블랙위도우, 워머신, 비전, 블랙팬서(신규 영입: 스파이

더 맨)

캡틴 아메리카 파 윈터솔져, 팔콘, 스칼렛 위치, 호크아이(신규 영입: 앤트맨)

양 팀은 영화 상영시간 147분 동안 쉴 새 없이 서로를 노려봤고, 말다툼을 일삼았으며, 험악한 분위기를 조성했습니다. 양 팀의 신규 인력들이 제 역할을 톡톡히 해준 덕분이었을까요? 두 팀 간에는 전력 차가 전혀 존재하지 않았기에 영화가 끝나는 마지막 순간까지도 승리의 여신은 어느 쪽 손도 들어주지 않았습니다.

어벤져스 멤버들은 왜 스파이더맨과 앤트맨을 양쪽에 배치한 것일까요? 두 사람을 한쪽 편에 몰고 다른 인력들을 그 자리에 대신 앉힐 수도 있었을 텐데 말입니다. 더욱이 앤트맨은 이미 1년 전에 개봉한 〈앤트맨(2015)〉에 출연한 전적이 있었으니 새내기로 볼 수도 없는 상황이었습니다. 신규 인력의 자리에는 앤트맨 대신 블랙팬서가 들어가는 게 옳습니다. 그런데 왜 그들은 하필이면 '개미' 계를 대표하는 앤트맨과 '거미' 계를 대표하는 스파이더맨을 양 극단에 세워둔 것일까요?

다른 이들이야 자신들이 추구하는 가치관이 서로 달라 팀이 나뉘는 데 별로 불만이 없었다고 해도 스파이더맨과 앤트맨은 특별한 가치관을 가진 것 같지 않은데 말입니다. 실제로 스파이더맨은 본인의 우상인 아이언맨이라는 존재 하나만 보고 그 뒤를 쫄래쫄래 따랐고, 앤트맨은 오로지 팔콘의 소개 덕분에 캡틴 파에 끼게 되었습니다. 〈캡틴

▲ 황금무당거미

아메리카: 시빌 워(2016)〉를 기획한 루소 형제는 무슨 생각으로 이들을 따로 떨어뜨렸으며, 대체 그들에게는 어떤 비밀이 숨어 있는 것일까요?

사실 스파이더맨과 앤트맨은 함께할 수 없는 운명을 타고 났습니다. 2011년 생물학계에는 신기한 연구 결과 하나가 발표되었는데요. 연구 논문의 제목은 '*A novel property of spider silk: chemical defence against ants*'입니다. 즉 '개미를 밀어내는 거미줄의 특성'에 대해 연구한 것입니다.

그들의 연구에 따르면, 거미(황금무당거미)는 제 몸집의 수십 배가 되는 존재도 먹잇감으로 삼는 지구 최강의 포식자인 개미들을 자신의 영역에 들이지 않기 위해 거미줄에 특정한 '화학물질'을 남겨놓는다고 합니다. 마치 개가 전봇대에 자신의 표식으로서의 지린내를 남겨놓듯 거미들은 거미줄에다가 수분과 친한 구조인 피롤리딘 분자들(pyrrolidine alkaloid, 2-pyrrolidinone)을 심어놓은 것입니다. 이로써 거미들의 지린내에 민감하게 반응하는 개미들은 거미줄 근처에 얼씬도 못했던 것입니다.

이러한 '피롤리딘 분자 심기' 기술은 연차가 어느 정도 있는 선배 거미들만이 누릴 수 있는 특권이었기에 어린 거미들은 하루하루 나이 먹기만을 손꼽아 기다릴 수밖에 없었습니다.

이제 막 사춘기를 맞이하여 MJ와의 풋풋한 연애를 시작한 피터 파커에게는 지린내 남기기가 수준 높은 기술로 여겨질지 모르나, 앤트맨을 비롯한 개미라는 이름의 지구 최강 포식자들은 향후 몇 년 내에 스파이더맨의 거미줄만 봐도 벌벌 떠는 날이 찾아올 게 분명합니다. 아마 그때는 어벤져스 멤버들이 스파이더맨 파와 앤트맨 파로 갈린 〈스파이더맨: 시빌 워〉가 새롭게 개봉될지도 모릅니다.

스파이더맨이 도시 전체에 쳐놓은 거미줄 덫에 모조리 걸려버린 앤트맨 파의 팀원들과 이를 통과하기 위해 코를 막고 전력 질주하는 팀장 앤트맨이라니요? 벌써부터 입가에 미소가 떠오릅니다.

SCENE 12

기다림의 세월

거미줄이 지니는 구조적인 특성부터 일정량의 수분을 머금을 수 있는 흡습성과 끈적끈적한 점착 능력, 그물의 형태와 특정 파장을 이용한 교란 작전, 거기에 바람으로 인한 형태의 변형 등이 지금까지 밝혀진 거미의 포획 방법들입니다. 거미줄을 매우 적극적으로 활용한 사례들이죠. 충분히 예상 가능한 뻔한 방법들과 또 전혀 생각지도 못한 독창적인 방법들을 고안해낸 거미들은 낚시터의 강태공들처럼 유유자적하며 먹잇감들이 붙잡히기만을 기다리곤 했습니다.

그러던 어느 날이었습니다. 무리 중 성격 급한 누군가가 앞으로 나섰습니다. 그는 속상하고 답답한 마음을 애써 감추며 말했습니다.

"언제까지 이렇게 기다리고만 있을 거야? 답답하지도 않아? 배는 안 고프고? 우리가 가진 게 거미줄이 전부이긴 하지만 뭔가 다른 대책을 세워야 하는 거 아냐? 아무것도 하지 않으면서 기다린 세월만 합쳐도 수천 년 아니 수만 년은 되겠다! 쯧쯧. 시간 아까운 줄 알아야지. 나는 더 이상 목을 빼고 기다리지 않겠어. 호랑이를 잡으려면 호랑이 굴로 들어가라는 말도 있잖아? 나는 내 거미줄에게 정전기 능력을 부여해서 근처를 지나가는 곤충들을 붙잡을 거야. 낌새를 알아차리고 돌아가는 놈들은 당겨버리면 그만이지. 나는 '정전기'+를 먹이 포획에 처음 사용했던 동물로서 역사에 기록될 거야!"

+ 닥터 스코의 시크릿 노트

일본에서 정전기를 이용해 벌레를 포획하는 장치를 개발했다는군. QR코드를 스캔하면 자세한 기사를 읽을 수 있어.

2013년, 미국의 한 대학 교수가 놀라운 연구결과를 하나 발표했습니다. 주인공은 바로 캘리포니아대 버클리 분교의 생물학자인 오르테가-히메네스(Ortega-Jimenez) 박사입니다. 그는 자신의 논문에서 거미가 어떻게 거미줄에 정전기 능력을 부여했는지 밝혀냈는데요. 비법은 바로 '다리털로 문지르기'였습니다.

거미줄을 뽑아내는 동시에 자신의 다리털로 문지르는 거미는 쉽사리 대전 효과(어떤 물체가 전기를 띠게 하는 효과)를 이끌어낼 수 있었다고 합니다. 머리카락에 풍선을 문지르면 머리카락이 붕붕 떠오르던 경험을 한두 번쯤 하셨을 텐데요. 그 순간을 떠올려보면 됩니다. 거미들은 이런 식으로 거미줄에 마찰로 인한 대전 현상, 이름 하여 마찰 대전을 발생시킨 것입니다. 그러면 이때 전자를 빼앗긴 다리털은 (+)전하를, 그 전자를 고스란히 빼앗아온 거미줄은 (-)전하를 띠게 됩니다.

한편, 우리의 눈에 보이지 않을 만큼 빠른 날갯짓을 일삼는 곤충들은 공기와의 또 다른 마찰로 인해 날개가 머금고 있던 전자의 상당수를 잃어버리게 됩니다. 이로써 전자를 잃어버린 곤충의 피부는 고스란히 (+)전하를 띠게 되는 셈이죠.

오르테가-히메네스 박사는 자신의 연구에서 이 곤충들이 (-)극을 띠는 거미줄에 붙들릴 수밖에 없었던 이유를 위와 같이 설명했습니다. 간혹 표면이 (+)전하로 유도된 희생정신이 강한 먼지 입자들이 곤충들을 대신해 거미줄에 붙들리는 경우도 있지만 이런 것은 사실 일도 아니었습니다. 거미들이 '새로 거미줄을 쳐야 한다'는 약간의 불평만 토해내면 그만이었으니까요.

주변에 먹잇감이 나타나면 거미줄 그물에는 1~2mm가량 미세한 수준의 변형이 일어나는데요. 이것은 마치 먹잇감을 갈구하는 주인의 마음을 미리 알아서 판단한 것과 같은 결과였습니다. 〈스파이더맨: 홈커밍(2017)〉에서 스파이더맨의 마음을 읽어내 방향성을 제시해주는 인공지능 수트 누나 '캐런(Karen)'처럼 말이에요. 지금은 비록 캐런처럼 주인의 연애사에까지 관여할 만큼 고성능이 아니지만, 앞으로 또 다시 수천 년이 흐르면 진화라는 명목 아래 먹잇감은 물론 주변 이성의 마음까지 끌어당길 수 있는 추가 능력을 갖추게 될지도 모릅니다. 하지만 현재로서는 이것이 최선이랍니다.

SCENE 13

모든 작업의 끝은 청소입니다

잘생긴 외모와 앳된 목소리, 조금은 수다스럽지만 착한 심성을 가진 우리의 청소년 히어로 피터 파커. 모든 것을 다 가진 듯 보이는 그에게도 부족함이 있습니다. 다름 아닌 정리 정돈 능력이 엄청 모자라다는 점인데요. 이는 아마도 하루아침에 부모를 잃은 어린 피터를 애지중지 키우고자 했던 메리 숙모의 너무 큰 사랑 때문인 듯합니다.

토비 맥과이어에 이어 앤드류 가필드, 그리고 톰 홀랜드에 이르기까지 스파이더맨의 매 시리즈마다 피터 파커의 방은 대혼란 그 자체였습니다. 또래에 비해서 유독 비밀이 많은 피터였기에 자기 방에 다른 사람을 들일 수도 없었지요. 그러니 누가 대신 치워줄 수도 없는 노릇이었습니다. 메리 숙모는 자신의 집 한구석이 쓰레기장으로 변해 가는 놀라운 광경을 목격했지만 어찌해볼 도리는 없었을 겁니다.

공부 잘하는 모범생의 방도 엉망이기는 마찬가지입니다. 여기 저기 널브러진 게 책과 참고도서, 시험지 등 대개 종이류라는 점만 다를 뿐이지요. 하물며 과학고등학교 영재에다 슈퍼히어로 아르바이트까지 겸업하고 있는 피터의 방이야 두말하면 잔소리겠지요? 수트 꿰매는 데 쓰는 바느질 도구, 웹슈터 부품들, 웹플루이드로 흥건한 방바닥에 말라붙은 거미줄까지……. 영화 촬영 전 마블 제작진들이 치워 놓았기에 그나마 이 정도지 그러지 않았더라면 거의 흉가 수준이었을지도 모릅니다.

'세 살 버릇 여든까지 간다'고 했고, '집에서 새는 바가지 밖에서도 샌다'고 했습니다. 옛말 틀린 것 하나도 없나 봐요. 1962년부터 시작된 스파이더맨의 어지럽히기 능력은 2020년인 지금까지도 고쳐지지 않았잖아요? 심지어 그의 어지럽히기 버릇은 집안을 벗어난 뉴욕 시내, 아니 미국 전역으로까지 번지고 말았습니다. 마구잡이로 쏘아댄 거미줄 때문에 그가 한바탕 전투를 치르고 지난 자리는 흉물스럽기까지 합니다. 사람이며 자동차며 건축물이며 거미줄에 돌돌 말린 게 하나같이 커다란 고치처럼 보입니다.

"히어로라 그런지 스케일이 남다르네. 방 어지르는 것도 모자라서 이제는 지구 전체를 더럽힐 작정인가? 피터 팬처럼 평생 나이 먹지 않는 미성년자라고 해서 너무 막 나가는 거 아니야? 저건 누가 다 치우라고. 영화 제작진들 몫으로 남겨놓는 건가? 내가 아무리 스파이더맨 팬이라고 해도 저런 무책임한 행동은 지나칠 수 없어."

팬들이 떨어져나가는 낌새를 차렸던 것일까요? 스파이더맨은 MCU 첫 단독 작품인 〈스파이더맨; 홈커밍〉에서 자신의 거미줄로 조

⬆ 두 시간 동안 이러고 있으라고?

무래기 악당의 손을 자동차 트렁크에 단단히 붙여놓은 뒤, 다음과 같은 말을 남기고 급히 떠나버렸습니다.

"거미줄은 두 시간이면 녹아요. 벌 받는 셈치고 참아요."

그는 유튜브 채널을 운영할 정도로 팬들의 환호에 열광하던 인물이었습니다. 그런 스파이더맨이 자신의 팬들이 떠나가도록 가만 놔둘 리 없죠. 그가 날린 멘트는 언뜻 악당을 향한 것처럼 보였지만 실은 전 세계 스파이더맨 팬들에게 던지는 달콤한 변명이었을 겁니다. 왜냐하면 그의 거미줄은 시간이 흐르면 저절로 사라지는 '생분해성(biodegradable)'✚을 특성으로 가지고 있기 때문입니다. 물론 스파이더맨 본인을 대신해 부지런히 거미줄을 치워준 것은 작디작은 미생물들이었지만요. 꾀가 많은 스파이더맨에게 이런 일쯤은 조금도 어려운 게 아닐 겁니다.

✚ 닥터 스코의 시크릿 노트

생분해성이란 박테리아나 세균 혹은 다른 생물의 효소 계에 의해서 분해될 수 있는 특성을 의미해.

SCENE 14

멀고도 먼 길

"영화를 찍으려고 만든 소품들이 영화가 끝난 뒤에 알아서 사라져버린다면 얼마나 좋을까?"

스케일이 큰 히어로 영화를 촬영하는 제작자들의 희망사항은 한결같습니다. 특히 화려한 장면들의 향연이 펼쳐지는 디즈니의 MCU와 소니 픽처스 관계자들에겐 두말하면 잔소리일 것입니다. 이런 걱정거리를 덜어내기 위해 그들은 컴퓨터 그래픽(Computer Graphic) 실력을 총동원해보았지만 그다지 효과적이지 않았습니다. 매정한 관객들이 짝퉁이 아닌 실사만을 원했기 때문입니다.

이런 마음을 잘 이해했던 걸까요? 서로 추구하는 바가 다른 영화관련자들과 관객들을 모두 만족시켜주는 최고의 장치가 탄생했는데요. 그것이 바로 마블의 스탠 리가 고안해낸 '생분해성 거미줄'입니다.

스파이더맨의 말처럼 단 2시간 만에 모두 분해되어 사라져버리는 거미줄이라면 영화 시작과 동시에 건물 외벽에 붙여둔 거미줄이 영화가 끝날 무렵이면 흔적도 없이 사라진다는 의미입니다. 실로 영화계의 한 획을 긋는 엄청난 사건임이 분명해요. 촬영지 주변에 거주하는 시민들에게 욕먹을 일도 없고, 촬영이 끝난 다음 뒷정리해줄 아르바이트 인력을 따로 고용할 필요도 없으니 얼마나 좋습니까?

그러나 안타깝게도 '저절로 분해되는 2시간'으로 가는 길은 멀고도 험합니다. 현재 대한민국을 포함한 대다수의 나라(ISO 14855-1기준+)에서는 땅에 묻혔을 때 얼마큼의 이산화탄소가 발생하는지를 토대로 생분해성의 유/무를 판단하는데요. 그 이유는 유기 화합물이 완벽히 분해(산화)되었을 때의 최종 모습이 이산화탄소이기 때문입니다. 대한민국에서는 생분해성의 기준을 180일 이내 초기 기준 물질 대비 90% 이상의 분해가 일어나는 경우(단, 180일 이내 60% 이상의 분해가 꾸준히 이루어졌을 때는 기준 통과로 인정)로 한정하고 있습니다.

> **+ 닥터 스코의 시크릿 노트**
>
> 생분해성을 평가하는 여러 지표들 중 하나야.

단 하루라도 빨리 분해되길 바라는 사람들의 마음을 도외시한 채 그 기준을 이렇게 느슨하게 잡은 것을 보면 그만큼 기술이 어렵다는 방증인 것 같습니다. 앞으로 기술이 더욱 진보하면 이런 기준들도 좀 더 정교해지겠지만 현재로서는 이 정도가 한계인 듯 보입니다. 다시 말해, 너무나 안타까운 일이지만, 〈스파이더맨: 홈커밍〉에서 언급한 2시간이라는 생분해 시간은 거짓말일 확률이 다분하다는 뜻입니다.

미생물이 분해를 일으킨다 하여 이름 붙여진 '생분해성 섬유'로는 현재 발생하는 여러 문제들을 한꺼번에 해소하기 어렵습니다. 스파이더맨의 귀차니즘을 해결해주기도 어렵고요. 하지만 과학자가 누굽니까? 진득하기로 소문난 사람들이죠. 지구상의 과학자들은 석유 파동이 일어난 1970년대부터 21세기 초반인 현재 이 시각에 이르기까지 40여 년째 고분자 섬유를 먹이로 한 미생물과의 긴 싸움을 이어나가는 중이랍니다.

과학자 "이거 딱 한 번만 먹어봐. 소화되는지 좀 보자."

미생물 "미쳤어? 이걸 어떻게 먹어. 당신이나 먹어."

과학자들은 한 가지 옵션만으로는 불안해하는 독특한 특성을 보이기에는 미생물(혹은 수분) 이외에도 '빛'이라는 요소를 추가 옵션으로 채택했습니다. 빛이 분해를 일으킨다는 뜻을 담아 '광분해'라는 이름까지 붙여주었고요. 그러나 불행히도 이 새로운 옵션은 스파이더맨의 거미줄에 적용하기 어렵습니다. 거의 불가능하다는 것이 제 개인적인 소견입니다.

앞에서 우리는 웹플루이드에 포함된 물질들이 빛(자외선) 덕분에 고분자화가 이루어지리라는 추측을 했습니다. 그런데 빛으로 만들어진 거미줄이 다시 빛으로 분해된다니요? 이게 도대체 무슨 말일까요? 생성과 분해 시에 사용되는 빛의 파장을 달리한다면 어느 정도 가능한 시나리오지만 과연 쉬운 일일까요? 만약 구름이 잔뜩 끼고 새까만 하늘에서 비가 내리는 날이 계속된다면, 여기 저기 쏘아댄 거미줄이 그대로 남은 채 분해되지 않을 거라는 뜻이기도 합니다. 비에 쓸려 내려가기만 바라는 것도 무의미하다는 뜻이지요. 앞에서 잠깐 말씀드린 것처럼 거미줄은 물방울을 밀어내기 때문입니다. 그러니까, 광분해성 거미줄에 대한 물음표는 한마디로 '노답'입니다, 노답!

SCENE 15

여섯 개의 인피니티 스톤

여러분, 이제 스파이더맨의 거미줄이 생분해성 고분자 섬유일 거라는 추측에는 어느 정도 동의하시지요? 지금부터는 그 후보군들을 천천히 살펴보겠습니다.

〈어벤져스: 인피니티 워〉에서 인류의 절반을 흔적도 없이 날아가게 했던 타노스와 현실 세계에서 섬유들을 흔적도 없이 사라지게 만드는 미생물들. 이 둘은 덩치로는 비교 자체가 불가능하지만 그들이 가진 능력과 조건만큼은 유사해 보입니다. 여섯 개의 인피니티 스톤으로 목적을 달성했던 타노스처럼 여섯 개의 재료가 힘을 합해 만들어낸 섬유들이 미생물에 의해 사라져버리곤 했으니까요. 이번에는 비단 연구수준에 머무르지 않고 실제 상업인 섬유로도 활용되는 여섯 가지 재료를 소개해볼까 합니다. 이른바 여섯 개의 인피니티 스톤입니다.

▲ 첫 번째 인피니티 스톤-옥수수 전분과 감자 전분

첫 번째 재료는 옥수수와 감자의 전분(녹말)입니다. 이들은 발효 과정을 거쳐 젖산(lactic acid)✚의 형태로 변모했고, 이들의 만남은 폴리젖산(polylactic acid;PLA)이라는 고분자 탄생으로 이어졌습니다. 석유가 아닌 전분에서 태어난 고분자 물질이기에 자연적으로 분해되리라는 건 충분히 예상 가능한 시나리오였습니다. 그러나 불행하게도 이들의 분해 속도는 다른 천연 섬유들보다 현저하게 떨어졌습니다. 스파이더맨이 말한 '2시간 내 분해'라는 기준에서 크게 벗어났지요. 역시 한 개의 인피니티 스톤만으로는 목적을 달성할 수 없는 걸까요? 미생물들은 이제 두 번째 인피니티 스톤을 찾아나서게 되었습니다.

✚ 닥터 스코의 시크릿 노트

젖당이나 포도당의 발효로 생기는 유기산을 말해. 무색무취의 신맛이 나는 액체로 물과 알코올에 잘 녹아.

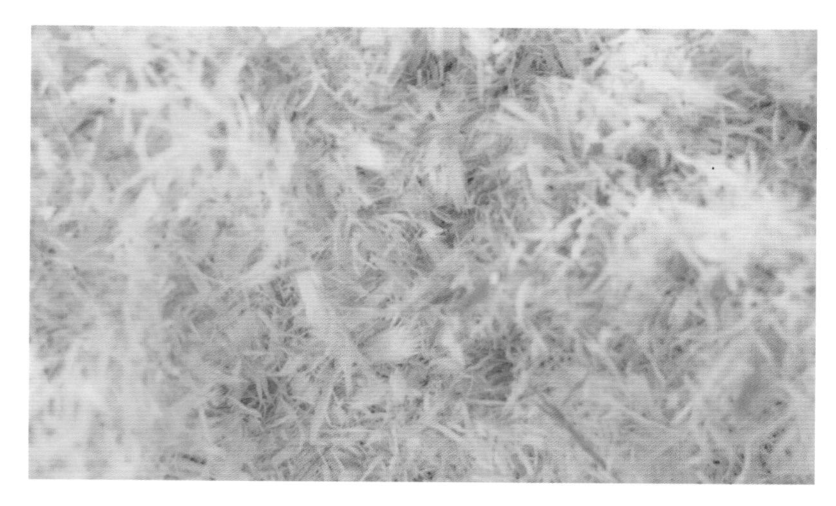

⬆ 두 번째 인피니티 스톤-유칼립투스 펄프

두 번째 재료는 유칼립투스 나무의 펄프입니다. 네덜란드의 다국적 화학섬유기업 악조노벨(Akzo nobel) 사는 자신들이 개발한 재생 셀룰로오스에 '라이오셀(lyocell)'이라는 이름을 붙여 전 세계 섬유시장을 노크했습니다. 그 반응은 가히 폭발적이었어요. 곧이어 영국의 코틀즈(Courtaulds) 사와 오스트리아의 렌징(Lenzing) 사 같은 섬유기업들도 라이선스를 따내 제품화에 들어갔고, 이들은 현재까지도 대표적인 생분해성 섬유로 각광받고 있습니다. 유칼립투스 펄프는 숲에서 온 친환경 원단답게 분해 능력이 매우 뛰어났습니다. 분해에 소요되는 기간이 겨우 6주밖에 되지 않았습니다. 하지만 아쉽게도 이 일은 공기가 아닌 토양의 미생물들만이 해낼 수 있는 작업이었습니다. 당연히 건물 외벽에 거미줄을 쏘아대는 스파이더맨에게는 해당 사항이

▲ 세 번째 인피니티 스톤-우유

없었고요.

세 번째 인피니티 스톤은 그 이름부터 너무도 친숙한 우유입니다. 우유 속에 있는 단백질(casein)을 추출하여 방사하면 완벽한 생분해성 고분자가 만들어진다는 콘셉트였습니다. 우유는 사람의 피부에 그 어떠한 부작용도 일으키지 않았고, 우유 단백질 자체가 갖는 천연 항균성으로 인해 깔끔함까지 겸비했기에 더할 나위 없는 재료라고 여겨졌습니다. 그러나 재료의 구조적인 특성상 외부의 충격을 견뎌낼 수 없는 운명을 타고났기에 다른 합성섬유들과의 혼합이 불가피했는데요. 이는 생분해 능력이 급격히 감소함을 의미했습니다. 역시, 다른 스톤들이 더 필요했습니다.

네 번째 스톤은 갑각류의 껍질을 단단하게 만들어주는 비결인 키

⬆ 네 번째 인피니티 스톤-키토산

토산(chitosan)+이었습니다. 키토산으로 만든 섬유는 인체에 무해함은 물론 상처 치유 능력까지 겸비했다고 알려져 최근 뜨거운 관심을 받고 있는데요. 그러나 이러한 섬유를 뽑아내려면 맨 먼저 키토산 덩어리를 녹여내야 합니다. 산성 용매에 담가 키토산 분자들을 조각낸 뒤(저분자량화), 분자의 안정화를 위해 다시 염기성 용매로 전이시키는 것인데요. 이 과정에서 쓰이는 용매들은 웹플루이드의 고분자화에 치명적입니다. 애써 만들어놓은 웹플루이드를 웹슈터 내에서 침전시킬 수는 없잖아요? 웹플루이드의 재료값보다 웹슈터 노즐을 청소하는 데 드는 비용이 더 들어갈지도 모르니 말입니다.

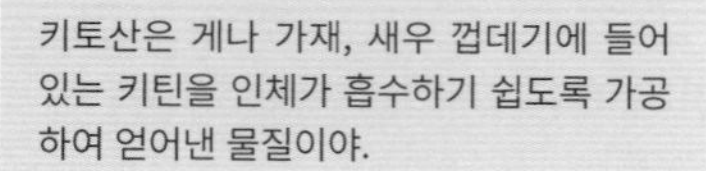

키토산은 게나 가재, 새우 껍데기에 들어 있는 키틴을 인체가 흡수하기 쉽도록 가공하여 얻어낸 물질이야.

⬆ 다섯 번째 인피니티 스톤-천연 거미줄

이제껏 섬유업계에서 나름 '핫' 하다고 하는 재료들을 무려 네 개나 끌어와 살펴보았지만 정작 스파이더맨이 필요로 하는 재료는 아직 그 모습을 보이지 않습니다. 언제 등장하게 될지, 실제로 존재하는 것인지조차 가늠하기 어렵습니다. '이럴 바엔 차라리 생분해성이 있는 천연 거미줄이나 계속 사용할 걸 그랬나?'라는 후회가 밀려드는 순간, 무엇인가 뇌리를 스쳐 지나갑니다. 앞서 한참 동안 소개했던 '다량의 거미줄을 생산하려는 노력'들이 모두 섬유화를 타깃으로 진행되고 있었다는 사실을 깜빡하고 있었던 것입니다. 과연 등잔 밑이 어둡다고 했던 옛 어른들의 말씀이 옳았던 걸까요? 네, 다섯 번째 인피니티 스톤은 바로 거미가 뽑아내는 천연 거미줄이었습니다.

드디어 마지막 스톤을 소개할 차례입니다. 그 자리를 차지할 영광은 과연 어떤 재료에게 돌아갈까요? 폴리젖산(polylactic acid;PLA)+과 유사한 특성을 보인다는 폴리히드록시알카노에이트(polyhydroxy alkanoate;PHA)++, 폴리부틸렌석시네이트(polybutylene succinate;PBS)+++, 피비에이티(polybutylene adipate-co-terephthalate;PBAT)++++ 삼형제? 그것도 아니면, 우유 섬유와 라이오셀 섬유의 혼합체일까요? 현재 수많은 재료들이 여섯 번째 인피니티 스톤이 되어보려 애쓰고 있음을 잘 알고 있는 상황인데요. 그들 중에서 어느 한쪽의 손만 들어준다면 다른 이들이 가만히 있지 않을 것 같습니다. 인피니티 스톤의 마지막 자리를 꿰어 찰 재료가 무엇이 될지 앞으로 기대해보겠습니다.

+ 닥터 스코의 시크릿 노트

PLA는 옥수수 전분에서 추출한 친환경 수지야.

++ PHA란 당 또는 지질의 박테리아 발효를 포함하여 수많은 미생물들에 의해 자연적으로 생성된 폴리에스터를 말해.

+++ PBS는 식물에서 얻어낸 바이오매스(생물 연료)가 기반이 된 단량체(고분자 화합물 또는 화합체를 구성하는 단위가 되는 분자량이 작은 물질)와 석유 부산물이 기반이 된 단량체가 서로 한 데 엉겨 붙어 중합된 고분자의 한 종류야.

++++ PBAT란 '아디프산'과 '부탄디올' 그리고 '테레프탈산'이 무분별한 순서로 중합된 고분자를 일컫지. '아디프산'은 백색 결정질 고체이며 물에 불용성인데, 환경에 해를 끼친다는 게 위험 요소야. 따라서 사용 시 환경으로 확산되는 것을 제한하기 위한 즉각적인 조치가 취해져야 하지. 아디프산은 주로 플라스틱과 발포고무를 만드는 데 사용해. '부탄디올'은 탄소 4개를 갖는 무색의 액체 화학물로 미생물 발효에 의해 피루브산으로부터 만들어진다고 해. '테레프탈산'은 파라크실렌을 산화시켜서 만드는 무색의 결정으로 물·알코올·에테르·벤젠 등에는 녹지 않지만 알칼리에는 염을 만들면서 녹아. 폴리에스테르 섬유의 원료로 사용되지.

SCENE 16

자연으로 돌아가자

"드디어 모든 스톤이 다 모였다! 이제 섬유들을 날려볼까?"

여섯 개의 스톤이 빼곡히 들어앉은 건틀렛+을 보고 미생물들이 흐뭇해하는 중입니다. 이제 손가락만 크게 한 번 튕기면 그들이 원하는 세상을 맞이할 수 있습니다. 그들은 몇 개월 뒤에 찾아올 깨끗해진 미래를 상상하며 힘껏 손가락을 튕겼어요.

딱! 너무 긴장했던 탓일까요? 소리가 약했습니다. 다시!

딱! 아이쿠, 이번엔 빗겨 맞았네요.

⬆ 건틀렛

+ 닥터 스코의 시크릿 노트

타노스의 손에서 번쩍이던 건틀렛은 중세 이전부터 유럽에서 승마용 혹은 검술용으로 쓰였던 일종의 장갑이야. 재질을 기준으로 가죽과 금속으로 나뉘는데 타노스의 인피니티 건틀렛은 금속 재질이야.

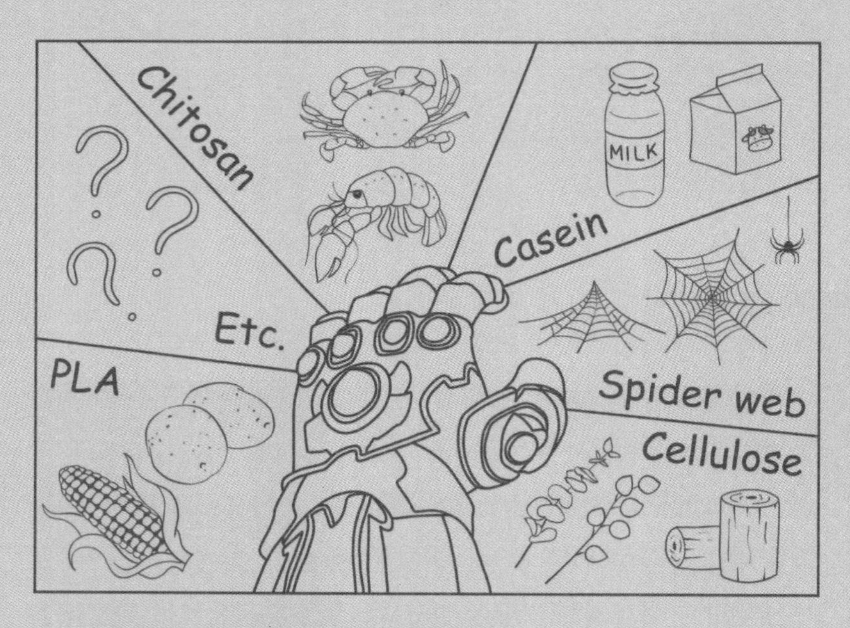

스파이더맨에게 필요한 여섯 개의 인피니티 스톤

다시!

딱! 그래, 바로 이거죠. 이번엔 제대로 맞았습니다!

미생물들은 흐뭇한 표정으로 주변을 둘러봤습니다. 그런데 이게 웬일일까요? 흔적도 없이 사라졌어야 할 섬유들과 눈이 탁 마주친 겁니다.

"어라? 이게 왜 이러지? 고장났나? 타노스가 칠 때는 잘만 되던 게 왜 내가 하면 안 되는 거지? 덩치 작다고 무시당하는 건가?"

덩치가 작다는 이유만으로 그동안 무시당하고 괄시 당했던 미생물들은 괜스레 피해의식에 사로잡혀 지금의 이 사안을 짜증스러운 일로 받아넘겼는데요. 이 문제는 실제로 그들의 덩치가 작아서 생긴 것이었습니다.

그들이 타깃으로 정한 섬유 고분자들의 몸집이 상상했던 것에 비해 너무도 컸던 것이지요. 몸집이 크다는 것은 겉으로 드러난 표면적이 작다는 의미였고, 이는 그만큼 미생물들이 공격할 면적이 줄어드는 것을 뜻했습니다. 손가락을 제아무리 세게 튕긴다 하더라도 세상에는 될 게 있고, 또 안 되는 게 있잖아요? 사태의 심각성을 파악한 미생물들은 즉시 긴급회의를 소집했습니다.

"저 괴물을 어떻게 상대하지? 우리가 모조리 달려들어도 꿈쩍도 안 하는 저들을 어떻게 제거한단 말인가? 이봐, 스파이더맨! 우리가 너의 귀차니즘을 해결해줄 테니 대신에 조각조각 내서 분리수거 좀 해와 봐. 제대로 됐는지 확인해보고 합격하면 그때 싹 처리해줄게."

미생물은 우리 현대인에게 너무나도 익숙한 분리수거를 카드로

⬆ 분리수거용 박스

제시했습니다. 바람에 의한 풍화 혹은 물살에 의한 침식이 이러한 임무를 수행할 적임자였어요. 이후, 기준을 통과한 섬유 고분자들은 사슬들이 전부 절단된 채 천연 부산물이랍시고 이산화탄소, 물, 질소, 바이오매스+, 무기 염류++ 등을 내어놓으며 사라져갔고, 이들은 결국 자연으로 다시 돌아갈 수 있게 되었습니다.

현재 울진과 영덕을 포함한 대한민국 어업 지역에서는 기존의 나일론 그물을 대체한 '에코 나일론 그물'+++이라는 이름의 PBSAT(Polybutylene succinate

+ 닥터 스코의 시크릿 노트

바이오매스란 '생물 연료'라는 뜻이야. 바이오에너지의 근원이 되는 물질을 의미하지. 일정 시간이 지난 후의 생물체의 무게 혹은 중량(단위 시간당, 단위 면적당 무게)으로 표현해.

++ 무기 염류는 탄소, 수소, 산소를 제외한 생물체의 모든 구성 요소를 지칭해. 단백질, 지방, 탄수화물, 비타민과 함께 5대 영양소 중의 하나로 알려져 있어.

+++ 에코 나일론 그물은 석유가 기반이 된 플라스틱에 특정한 첨가제가 더해진 자연 분해 물질이야. 박테리아 혹은 곰팡이에 의해 자연적으로 분해되며, 최종 산물은 물과 이산화탄소라고 알려져 있어. 에코 나일론을 이용해 어망의 형태로 만든 것이 바로 '에코 나일론 그물'이야. QR코드를 스캔하면 자세한 기사를 읽을 수 있어.

adipate- co-terephthalate) 생분해성 그물이 핫 아이템으로 각광받고 있습니다. 수산과학원의 발표에 따르면 이는 기존 나일론 그물을 사용할 때보다 평균 1.7배나 어획량을 높인 것은 물론이요, 수백 년이라는 생분해 기간을 1/100의 수준으로 단축해버렸다고 합니다. 정말 놀랍지요? 어획의 임무 도중 유실된 어망들은 조각난 채 바다 깊은 곳에 묻혀 모래가루와 둘도 없는 형제처럼 지내고 있습니다. 그들은 모두가 잠든 밤을 틈 타 이렇게 중얼거린다고 합니다.

"이번 생은 망했지만, 다음 생에서는 꼭 스파이더맨의 거미줄로 태어나게 해주세요."

마블의 창시자인 스탠 리가 떠나버린 지금, 과연 그들의 바람은 이루어지게 될까요? 어쩌면 디즈니와 소니 픽처스의 CEO들은 그 답을 알고 있을지도 모릅니다.

SEQUENCE 3

수트와 함께 엑셀시오르

SCENE 01

옛날 옛적 베 짜기의 달인은

"뭐야? 인간 주제에 감히 나를 능멸해? 나이도 어리다면서? 아무리 물불 안 가리고 덤벼드는 사춘기라지만 이건 좀 아니지 않나? 지킬 건 지켜야지. 내 심기를 건드리면 어떤 최후를 맞게 되는지 보여줘야겠어. 지금 당장 만나러 내려갈 테니 준비하거라. 오늘 일정은 모두 취소야. 다른 신들한테 연락 오면 너희들이 알아서 둘러대라. 그런데 거기가 어디라고? 뭐, 리디아? 그럼 거기 도착해서 염색의 달인 '이드몬'이 어디 사냐고 물어보면 되는 거지?"

마음 상한 티를 팍팍 내고 있는 이 사람은 누구일까요? 그 이름도 유명한 그리스 신화 속의 아테나(Athena)입니다. 신 중의 신인 제우스의 딸로서 갑옷으로 완전무장한 채 성인 여성의 모습으로, 그것도 제우스의 머리에서 태어났지요. 아테나는 그리스 아테네의 수호신으로 지혜와 전쟁, 요리, 도기, 문명 그리고 직물을 관장하는 여신인

⬆ 아테나와 아라크네(르네 앙투안 우아스, 1706)

⬆ 단테의 신곡에 나오는 삽화 '거미가 된 아라크네'

데요. 그런 그녀에게 인간계의 한 소녀 아라크네가 '자신이 베 짜기와 자수로는 아테나를 능가한다'며 도전장을 내민 것입니다.

자존심에 상처를 입은 아테네는 그 길로 곧장 인간의 세계로 내려와 아라크네와 자수 대결을 펼쳤습니다. 그런데 놀랍게도 결과는 현란한 자수 스킬로 제우스를 비롯한 올림포스 신들을 조롱한 소녀의 승리로 막을 내렸습니다. 하지만 인간도 아닌 신을 상대로 거침없이 자신의 능력을 뽐낸 사춘기 소녀 아라크네의 최후는 비참했어요. 아테나가 북으로 아라크네의 이마를 때리며 치욕을 느끼게 했고 이를 견디지 못한 소녀는 기어이 목을 맵니다. 어디로 튈지 모르는 인간계의 광기 어린 사춘기를 몸소 체험한 아테나는 그제야 미안했는지 아라크네가 죽어서라도 생전에 좋아하던 직물 제작을 계속할 수 있도록 실을 뽑아내는 거미로 만들어주었습니다.

신이 인간에게 패배한 사례로 줄곧 거론되는 이 사건은 이후 인간계에 널리 퍼져 사람들의 입에 오르내리기 시작했고, 2000년 뒤 마블 코믹스라는 이름의 만화책 제작자들의 귀에 들어갔습니다.

그들은 1977년 8월 〈마블 스포트라이트*Marvel Spotlight*〉 32호에서 제시카 드루(Jessica Miriam Drew)라는 일반인을 내세워 선배 거미 인간인 스파이더맨과 유사한 능력을 가진 '스파이더우먼(Spider-Woman)'을 탄생시켰습니다. 별명 또한 2000년 전 베 짜는 소녀의 이름을 그대로 붙여 '아라크네'라고 했습니다. 이 같은 여러 설정에 고무된 스파이더우먼은 자신의 이름에 누가 되지 않도록 최선을 다해 빌런들을 무찔렀습니다.

1831년, 비글호를 타고 바다 한가운데를 항해하던 찰스 다윈의 머리 위로 떨어진 수천 마리의 붉은 거미들처럼 그녀도 자신의 수트에 달린 '거미줄 글라이더'를 이용해 비행 능력을 구사했는데요. 스파이더우먼의 이러한 능력이 실제 과학적으로도 실현 가능하다는 것이 최근 밝혀지기도 했습니다.

스파이더맨 여성 버전의 놀라움은 이것으로 끝이 아니었습니다. 역대 4명에 이르는 스파이더우먼 대열(1대: 제시카 드루, 2대: 줄리아 카펜터, 3대: 마사 매티 프랭클린, 빌런: 샬롯 위터)에 끼지는 않지만 '실크(Silk)'라는 이름의 여성 캐릭터도 존재하는데요. 피터 파커와 똑같은 거미에 물려 유사한 능력을 얻었다고 알려진 신디 문(Cindy Moon)이 바로 그 당사자였습니다.

그녀는 완벽한 스파이더맨이 갖지 못한 단 하나의 능력인 거미줄 자체 생산이 가능했습니다. 웹슈터 없이도 손가락 끝에서 거미줄을 무한정 뽑아낼 수 있었지요. 스파이더맨에게 거미줄 발사 노즐(nozzle)이 양 손목에 하나씩 두 개 있다면, 실크에게는 양 손에 다섯 개씩 열 개가 있는 셈입니다. 단순하게 따져보아도 스파이더맨이 발사하는 거미줄 양의 5배에 해당하지요.

남들과 싸우는 일 혹은 누군가를 구해야만 하는 제한적인 상황에서만 사용이 가능한 스파이더맨의 거미줄과 달리 실크의 거미줄은 때와 장소를 가리지 않고 대량으로 뿜어졌습니다. 자신의 알몸을 감싸고도 남을 만큼 충분한 양이었어요. 자기 몸에서 뽑아낸 거미줄로 옷을 해 입는 실크야말로 진정한 현대의 아라크네가 아닐까요?

아직까지는 신디 문이 단 두 작품 〈스파이더맨: 홈커밍〉과 〈어벤져스: 인피니티 워〉에 단역으로 출연해 두각을 드러내지 못했지만, 이는 이미 빡빡한 MCU의 세계관에 끼어들 틈이 없어서 그랬던 것뿐입니다. 향후 소니 픽처스에서 론칭하는 단독 작품 〈실크〉에서는 분명 그녀의 거미줄 직조 능력이 빛을 발할 게 분명합니다. 만화 원작에 등장하는 신디 문의 혈통이 한국계라는 점 또한 우리의 발길을 극장가로 인도할 또 하나의 매력 포인트가 되겠지요?

디즈니(MCU)의 길가메시(마동석)와 소니 픽처스의 실크(배역 미정)가 대격돌하여 대한민국의 마블 팬들을 황홀하게 만들어줄 날도 그리 멀지 않은 것 같습니다.

SCENE 02

절대 꼬이지 않는 실크의 거미줄

어디로 튈지 전혀 예측할 수 없는 사춘기 소녀 아라크네의 마음처럼 실크의 열 손가락도 저마다의 의지대로 움직였습니다. 뼈마디는 가늘고 근육이 거의 없는 이들은 오와 열을 맞추라는 주인의 명령에도 불구하고 대열에서 조금씩 이탈하려 했습니다. 실크의 첫 등장을 준비하고 있는 마블 코믹스 제작진에게는 고민거리가 아닐 수 없었습니다.

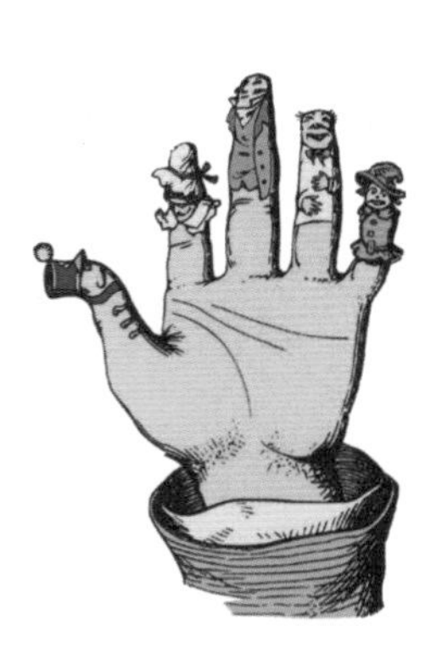

⬆ 자기들 마음대로 움직이는 손가락

"미치겠네. 손가락 좀 가만히 있을 수 없어? 손가락에서 뿜어져 나오는 거미줄로 네 옷을 해 입히려고 하는데 이렇게 꼼지락거리면 옷을 제대로 만들 수 있겠어? 어디는 꼬이고, 또 어디는 빈틈이 생기고. 잘못해서 속살이라도 보이면 그 뒷감당은 어떡할 건데? 심의위원

회에서 19금으로 낙인 찍어버리면 타깃 층이 완전히 바뀐다고. 일 잘못되면 네가 책임질 거야? 문제에 휘말리고 싶지 않으면 손가락에 힘 딱 주고 가만히 좀 있어 봐! 알겠어?"

불안하고 초조해서 입이 바싹 마르는 제작진과 달리, 정작 실크 본인은 태연했습니다. 어딘가 믿는 구석이 있는 걸까요?

그도 그럴 것이, 비록 스파이더맨보다 힘은 약하지만, 스파이더 센스를 포함한 다른 능력들은 그보다 앞섰습니다. 뿐만 아니라 실크의 거미줄은 피터 파커의 웹플루이드처럼 인공이 아닌 천연 그 자체였습니다.

실크는 자신의 천연 거미줄이 갖는 특성, 특히 섬유로의 활용 가능성을 누구보다 잘 알고 있었어요. 튼튼함과 강인함은 둘째치고, 절대 실이 꼬이지 않으리라는 믿음이 있었던 것입니다.

〈어메이징 스파이더맨*The Amazing Spider-Man*〉 3권 1호를 통해 실크가 전 세계 마블 팬에게 첫 번째 눈도장을 찍은 지 정확히 3년째 되던 2017년 7월, 당시 론칭을 앞두고 있던 실크가 왜 그리도 당당할 수 있었는지 그 이유를 밝힌 연구 논문이 발표되었습니다. 논문의 제목은 '*Peculiar torsion dynamical response of spider dragline silk*', 한마디로 '거미줄이 왜 꼬이지 않는가'에 관한 과학적인 고찰이었습니다.

그들의 연구 결과는 실로 놀라웠습니다. 거미줄을 타고 내려오는 거미는 절대 뱅그르르 도는 법이 없는데요. 이는 쉴 새 없이 엉켜대는 사람의 머리카락이나 웬만한 합성 섬유에서는 볼 수 없는 아주 기이한 현상이라는 것입니다. 하긴 여태껏 우리가 경험해온 스파이더맨의 모습을 떠올려본다면 쉽게 납득하게 됩니다. 천장에서부터 단 한 줄기의 거미줄에 의존해 거꾸로 매달려 내려오던 스파이더맨을 상상해보세요. 스파이더맨이 내려오면서 뱅글뱅글 도는 모습을 본 적 있습니까? 만약 그가 빌런과 마주치기도 전에 멀미 때문에 내상을 입는다면 이 무슨 황당한 상황이 되겠어요? 만에 하나 영화 촬영 도중 스파이더맨의 거미줄이 다른 섬유처럼 꼬여버린다면 우리의 주인공 스파이더맨과 빌런 사이에는 다음과 같은 은밀한 대화가 오고갈지도 모릅니다.

"웈! 우웩! 잠깐만! 타임! 속이 너무 안 좋아서 그래. 싸우는 건 나중으로 미루고 저기 앞에 있는 약국 가서 멀미약 하나만 사다주면 안 될까? 이 은혜는 잊지 않을게. 이따 촬영 들어가면 내가 티 안 나게 살짝 져줄 테니까 제발 도와줘."

만일 이렇게 된다면 승부 조작은 더 이상 스포츠계의 전유물이 아니게 될 겁니다. 〈스파이더맨〉의 메리 제인이 비 내리는 뒷골목에서 분위기 있게 스파이더맨에게 애정을 표현하는 것 또한 불가능에 가까워질 테고요.

거미줄이 아무리 튼튼하다지만 대체 어떤 이유에서 비틀리지 않는 걸까요? 바람에 휘휘 펄럭이면서도 꼬이지 않는 것은 또 무슨 이유일까요? 이런 모습은 사실 말이 되지 않습니다. 바람이 불면 강물 위를 가로지르는 견고한 다리도 흔들리는데 거미줄이라고 별 수 있겠어요? 설령 바람에 펄럭이고 비틀리는 한이 있더라도 빙글빙글 돌지 않는 능력! 2017년 '거미줄의 비틀림'에 대해 보고했던 연구진들은 이

⬆ 높이, 더 높이! 스파이더맨의 거미줄은 63빌딩 같은 마천루에도 거뜬히 닿는다!

것이 천연 거미줄에게 있는 놀라운 특성이라고 전했습니다.

거미줄은 비틀린 순간에 다시 펴질 준비를 하는 다른 섬유들과 달리 부분적으로 휘어진다고 합니다. 그래서 꼬이거나 회전하지 않는다는 뜻인데요. 거미줄은 비틀림에 몸을 맡길 줄 아는 센스, 이른바 융통성이 있다고 합니다. 누에고치에서 뽑아내는 대표적인 섬유, 명주실과 비교를 한번 해볼까요?

여러분은 옷옷에서 툭 하고 떨어진 단추를 들고 짜증이 잔뜩 섞인 얼굴로 집에 왔습니다.

"엄마. 단추 좀 꿰매줘."

여러분의 어머니는 불평 한마디 없이 서랍장 속에서 반짇고리를 꺼내시더니 바늘과 실을 무기 삼아 곤장 작업에 들어갑니다. 첫 단계는 눈에 잘 보이지도 않는 바늘구멍에 실을 통과시키기. 일말의 양심이 있는 여러분은 어머니를 도와드릴 작정으로 "엄마, 그건 내가 할게" 하면서 바늘과 실을 낚아채보지만, 또 한 번의 짜증이 내면 깊은 곳에서부터 스멀스멀 올라옵니다.

"실 끄트머리가 이렇게 풀려 있는데 이걸 무슨 수로 구멍에 넣어? 손가락으로 아무리 베베 돌려보고 꼬아도 계속 풀리잖아. 엄마, 나 그냥 옷 하나 새 걸로 사게 돈 줘."

하지만 인내심 '갑'인 여러분의 어머니는 끝내 불가능할 것만 같았던 일을 성공시키고야 맙니다. 바늘구멍에 실을 꿰어넣은 것입니다. 이 대업은 손가락에 침을 살짝 발라 실의 끄트머리를 고정시키는 아주 단순한 동작으로 인해 가능했는데요. 이렇듯 대부분의 섬유(합성 섬유 포함)들은 비틀림에 대한 복원력을 지니고 있어 꼬아도 풀리고, 꼬아도 풀립니다.

하지만 거미줄은 일반적인 섬유와 달라요. 비틀림이 발생했을 때 부분적으로 이 힘에 몸을 맡겨버립니다. 아예 휘어지는 거예요. 비틀린 채로 굳어져버리니 복원력 자체가 존재할 수 없는 것입니다. 연구진들은 이러한 현상이 거미줄을 구성하고 있는 단백질 사슬 간의 수소 결합이 비틀림과 동시에 왜곡되었기 때문이라 보고 있습니다. 향후 더 많은 연구를 통해 거미줄의 특성을 파헤치는 것이 그들의 목표라고 하니 거미줄의 미스터리가 풀리게 될 날도 멀지 않은 것 같네요.

이처럼 변동성이 심한 자연계에서 멀미 없이 온전할 수 있는 거미들만의 대응방법은 바로 비틀려도 되돌아오지 않는 거미줄의 유별난 특성에 있었습니다.

SCENE 03

거미줄 수트의 실사판이 탄생하다

2012년 1월 23일, 영국 런던의 빅토리아&앨버트 박물관에서 기이한 패션쇼가 열렸습니다. 여느 패션쇼와 달리 객석은 패션에 문외한인 과학자들로 붐볐는데요. 그들은 마치 BTS라도 본 것처럼 무대를 바라보며 연신 감탄사를 토해내고 있었습니다.

"저거 진짜 신기하지 않아요? 마다가스카르에 서식하는 황금무당거미들이 뽑아낸 거미줄로 만든 옷이라는데, 무려 82명의 장인들이 120만 마리의 거미들을 수년 동안 어르고 달래서 얻어낸 결과물이라고 하더라고요. 그야말로 인내심의 승리죠."

거미줄로 만든 지구상의 첫 번째 옷이자 실크의 거미줄 수트 실사판인 '황금거미 옷'은 이렇게 패션계와 과학계를 동시에 경악하게 만들었습니다. 그 뿐이 아닙니다. 천연 거미줄 수트가 현실 세계에서 보인 행보는 실크의 옷처럼 순수하게 의복에만 국한되지 않았습니다.

넥타이와 모자, 심지어 운동화(아디다스의 콘셉트 버전)의 영역까지 진출했어요. 이는 상상의 메카인 마블 코믹스조차 이뤄내지 못한 결과였습니다.

실크가 세상에 모습을 드러내기 5년 전인 2009년, 미국 캘리포니아의 바이오테크 스타트업 '볼트스레드(Bolt Threads)' 사+에서는 거미줄로 만든 넥타이와 모자를 한정판으로 선보인다고 했는데요. 이 충격적인 소식은 전 세계에 빠르게 퍼져나갔습니다.

+ 닥터 스코의 시크릿 노트

볼트스레드는 거미줄로 옷을 만드는 스타트업이야. 처음으로 선보인 제품이 바로 넥타이였지. 이 회사에서 하는 신기한 일들을 보고 싶다면 다음 QR코드를 스캔해 봐. 첫 번째 QR코드에서는 이 회사의 제품인 넥타이와 모자를 볼 수 있어. 두 번째 QR코드를 스캔하면 이 특별한 실을 자아내는 영상을 감상할 수 있고. 영상 마지막에 '스탠리'에게 보내는 편지가 놓이는 장면은 귀여운 선물이야.

"이보게 친구. 내가 돈 되는 정보 하나 알려줄까? 얼마 전 거미줄로 넥타이를 만들어내는 데 성공한 업체가 있어. 마땅히 투자할 곳이 없으면 여기 한 번 눈여겨 봐. 이런 핫한 아이템이 자주 나오는 게 아니잖아."

볼트스레드 사는 이곳저곳에서 투자를 받았고, 그 금액이 자그마치 2억 달러에 육박했습니다. 그러나 천문학적인 투자를 받았음에도 불구하고 볼트스레드 사의 수익은 고작해야 넥타이 50개를 판 314달러가 전부였습니다(2017년 기준). 충격적인 연구 성과를 보고 투자한 이들은 예상치 못한 결과에 다시 한 번 충격을 받았습니다. 성질이 급한 일부 투자자들은 볼트스레드 사가 업적을 과대포장 했다느니 거품을 조성했다느니 하면서 펄펄 뛰었습니다. 물론 볼트스레드 사가 대량 생산이라는 벽에 막혀 허덕이고 있는 건 사실이지만, 만화에서조차 이뤄내지 못한 일을 현실에서 벌이는 게 어디 쉬운 일이겠습니까? 더욱이 마블 코믹스에서는 거미줄 옷을 인기 절정의 스파이더맨이 아닌, 이제 막 세상에 나온 신규 캐릭터 '실크'에게만 입혔습니다. 이는 새로운 상품을 론칭하는 데엔 일종의 테스트 기간이 필요하다는 뜻 아니었을까요?

지금 당장 거액의 수익을 이뤄내지 못해 아쉽지만 별 수 있겠습니까? 거미줄 옷이라는 대박 아이템이 아직까지는 실크만의 전유물이요, 이마저도 첫 등장에서 급하게 해 입은 단발성 의복이었다는 사실이 상업화라는 대업의 어려움을 간접적으로나마 보여주고 있는 셈입니다.

하지만 기다려볼 일입니다. 언젠가는 대형 의류매장 한쪽에 쌓여 재고 떨이를 하게 될 만큼 대량화에 성공할지도 모릅니다. 우리는 그때까지 스파이더맨이 현재 입고 있는 수트들이나 차근차근 살펴보기로 해요. 60년 동안 스파이더맨이 입고 나온 수트만 훑어보더라도 하루가 훌떡 지나갈 것입니다.

SCENE 04

어느 수집광 소년의 양심

여러분은 스파이더맨이 처음 등장할 때 입었던 가내수공업 스타일의 수트를 기억하시나요? 엄청 후줄근한 수트였지요. 그 후 스파이더맨은 토니 스타크가 자신을 동료로 낙점한 뒤 선물해준 휘황찬란한 AI 수트를 입게 되었습니다. 하지만 여기서 끝이 아닙니다. 아이언맨의 나노 기술이 적용된 아이언 스파이더 수트도 있으니까요.

우리는 지금껏 스파이더맨의 전투 전략보다는 〈스파이더맨: 홈커밍〉과 〈어벤져스: 인피니티 워〉, 〈스파이더맨: 파 프롬 홈〉을 거치면서 최신 트렌드에 발맞춰 발전해온 그의 수트에 열광했습니다. 자의든 타의든 스파이더맨이 1년에 한두 벌씩 마련한 수트는 현재를 기준으로 총 다섯 벌이 되었습니다. 이는 수십 년간 발간된 마블 코믹스 원작들에서 나타난 십여 종의 수트 중 절반에 가까운 숫자+입니다.

닥터 옥토퍼스가 스파이더맨의 몸을 빌려 차린 회사(파커 인더스

+ 닥터 스코의 시크릿 노트

피터 파커를 포함해 마블에서 만날 수 있는 모든 거미 인간의 수트를 기준으로 한 거야.

트리)에서 만든 '파커 인더스트리 수트'와 스파이더맨의 복제품인 '벤 라일리의 수트', FF 멤버에 낄 당시 잠시 입었던 흰색의 'FF 유니폼' 등등입니다. 이런 걸 보면 피터는 어쩌면 메이 숙모 몰래 수트 수집이라는 취미를 갖게 된 것이 분명해 보입니다. 그 병적인 수집 활동은 고스란히 팬들에게도 전염되었고요.

팬들의 주머니를 탈탈 털어간 첫 번째 수트는 사실 빨강과 파랑이 극명하게 갈린 '거적때기' 수준이었습니다. 최초의 〈스파이더맨〉에서 피터는 자신의 능력을 어필하면서 돈까지 벌 수 있는 최고의 기회로 레슬링 대회를 선택했습니다. 잠시 만화 원작을 돌아볼까요? 피터는 학교를 돌아다니며 자신의 구상에 맞는 아이템들을 수집합니다. 그러고는 학교 무용반이 버린 낡은 타이즈를 주워 몸에 꼭 맞게 리폼하는 것도 모자라 연극반의 소품 상자까지 뒤져 한쪽 방향에서만 들여다볼 수 있는 거울을 얻어냅니다.

말이 좋아 수집이지 다른 시각으로 보면 훔치는 거였죠. 그저 운이 좋아 제3자에게 걸리지 않았을 뿐, 좀도둑이나 마찬가지였습니다. 그런데도 피터는 도시 범죄를 소탕한답시고 경찰의 공무집행을 방해하고, 심지어 그들의 무전까지 도청했는가 하면, 기물 파손도 서슴지 않았습니다.

네, 첫 등장에서부터 범죄자의 자질을 보여준 셈인데요. 그래서일까요? 스파이더맨은 남들과 눈 마주치는 것을 극도로 두려워했던 것

단방향 투과성 유리

처럼 여겨집니다. 왜냐고요? 이후 그가 수집한 수많은 수트들은 한결같이 눈 부위에 특수 렌즈를 부착하고 있으니까요. 그 렌즈로 말할 것 같으면 학교 연극반에서 슬쩍한 일종의 거울로서 내부에서는 밖이 보이는데 외부에서는 절대 안을 들여다볼 수 없는 구조를 가지고 있었습니다.

이름 하여 단방향 투과성 유리(One-way mirror)라 불리는 매직 거울(magic mirror)입니다. 어찌 보면 거울이지만, 또 어찌 보면 유리창과 같은 이 신비한 물건은 형사들의 취조실에 단골로 등장하는 아이템입니다. 수사 드라마를 보면 종종 취조실에 멍하니 앉아 있는 범죄자들을 유리창 너머에서 지켜보는 형사들 모습이 등장하는데요. 수사관과 범죄자 사이에 놓인 것이 바로 단방향 투과성 유리창입니다. 수사관들은 그 유리의 특성 덕분에 시시각각 변해가는 범죄자들의 심리 상태를 관찰할 수 있고, 순식간에 울타리 안에 갇힌 원숭이가 되어버린 범죄자들은 누가 쳐다보는지도 모른 채 변명을 하거나 시치미를 뚝 뗄 수 있는 것입니다.

물론 피터 파커가 15세라는 어린 나이에도 범죄자를 소탕하는 무법의 세계에 발을 들일 수 있었던 데엔 얼굴까지 가려주는 무용반의 쫄쫄이 타이즈 역할이 가장 컸습니다. 그야말로 스파이더맨의 스타일을 만들어준 일등공신이지요. 인정하지 않을 수 없어요. 그러나 그를 경범죄 마스터로 만들어준 것은 아무도 자신의 눈빛을 볼 수 없으리라는 믿음 아니었을까요? 대체 그가 사용한 렌즈의 재료는 무엇일까요? 평범한 것은 아닐텐데……. 이제 스파이더맨이 어떻게 하여 빌런 히어로 세계의 새 지평을 열었는지 알아봅시다.

SCENE 05

비브라늄? No! 알루미늄? Yes!

여러분, 마블의 전 세계관을 관통하는 금속이 하나 있는데 혹시 무엇인지 아십니까? 네, 맞습니다. 비브라늄(Vibranium)입니다. 원소 기호를 짐작해보자면 V 혹은 Vi 정도 될 것 같습니다. 그래서 원소 주기율표를 뒤져보았는데요. 나오는 거라곤 미의 여신(Vanadis)+의 이름을 딴 V(Vanadium; 바나듐)++이 전부였습니다. 마블 팬이라면 모두 알고 있는 것처럼 진동(vibration)을 흡수하는 금속 비브라늄은 정녕 가상의 원소였던 것이군요. 이 세상에는 진동을 흡수할수록 강해지는 원소 따위는 존재하지 않는 걸까요?

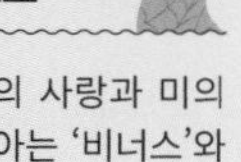

+ 닥터 스코의 시크릿 노트

바나디스는 스칸디나비아의 사랑과 미의 여신이라고 해. 우리가 잘 아는 '비너스'와 발음이 비슷하지?

바나듐은 '바나듐석'으로 철광 속에 천연으로 존재하는 회백색 금속 원소의 하나야. 타이타늄과 비슷하여 아주 단단하고 잘 부식되거나 침식되지 않아. 보통의 산이나 알칼리와는 반응하지 않고 특수한 철강을 만드는 데 쓰이지.

스파이더맨은 다른 히어로 동료들과는 달리 현실적인 서민 캐릭터입니다. 모두에게 '그럴 법도 하다'고 여겨지면서 애정을 주게 되는 인물이죠. 스탠 리는 이러한 인기 비결을 제 손으로 헤집어놓을 만큼 어수룩한 사람이 아니었습니다. 게다가 그는 만화 제작업에 종사하는 사람이지 가슴에 날아드는 비수를 튕겨내는 정치인이 아니었지요.

"이건 뭐 너 나 할 것 없이 비브라늄 타령이로군? 이제 그만 참신한 걸 생각해보라고. 언제까지 비브라늄만 우려먹을 수는 없잖겠어?"

그는 자신이 가장 사랑하는 캐릭터인 스파이더맨이 행여 비브라늄의 유혹에 빠질까 봐 예의주시했습니다. 그러고는 '레어 아이템'만 부르짖는 스파이더맨에게 오히려 정반대인 '현실적인 금속'을 선물했지요. 스파이더맨 입장에서는 칭찬해 달랬더니 매를 든 격이고, 밥 좀 더 달랬더니 밥그릇마저 빼앗은 격이었습니다.

"아니, 사장님. 저한테 왜 이러시는 거예요? 제가 뭘 잘못했다고? 학교 돌아다니면서 남의 것 좀 슬쩍했다고 이제 와서 미워하시는 건가요? 그거 다 사장님이 뒤에서 사주한 거잖아요. 제가 언제 빌런 히어로 되고 싶다고 했어요? 착실히 공부 잘하고 있는 사람 데려다가 방사능 거미에 물리게 해놓고는 경찰 업무 방해하라고 시킨 게 누군데요! 억울해요! 저 이렇게 당하고는 못 살아요. 경찰서 가서 다 얘기할 거예요. 슈퍼 히어로에게 신고 한번 당해보세요!"

마블 제작진들은 분을 못 참고 씩씩거리는 스파이더맨을 열심히 뜯어말렸습니다. 그러면서 한편으로 사장님의 속마음을 대신 전해주기로 합니다. 현실적인 캐릭터가 현실적인 재료로 무장하는 건 당연한 일이고, 사장님은 너를 아끼기에 거짓 원소가 아닌 가장 일반적이면서도 보편적으로 사용되는 금속 '알루미늄(Aluminium)'+을 주신 거라고 말입니다.

사실이 그랬습니다. 입에 풀칠하기도 어려운 형편에 돈 주고도 못 사는 비브라늄이 웬 말입니까? 안 그래도 공무집행 방해죄로 미운 털이 박혔는데 만일 집 안에서 고가의 물건이 나온다면요? 아마 스파이더맨을 못 잡아먹어 안달이 난 〈데일리 뷰글 *Daily Bugle*〉 신문의 J.J. 제임슨 사장이 가만 놔둘 리 없을 겁니다. 나중에 뉴욕 시장까지 되는 인물인 만큼 사춘기 히어로 하나쯤 아웃시키는 건 일도 아니겠지요.

> **+ 닥터 스코의 시크릿 노트**
>
> 
>
> 우리에겐 알루미늄섀시나 은박지라는 이름으로 친숙하지. 알루미늄은 은백색의 가볍고 부드러운 금속 원소야. 가공하기도 쉽고 가볍고 인체에 해가 없어서 건축, 화학, 가정용 제품 따위에 널리 쓰여. 주로 고전압용 전선, 알루미늄 캔, 주방 용기, 알루미늄 호일 등을 만들지.

이런 사태를 예견한 스탠 리 사장은 값싼 금속의 대표 주자인 알루미늄을 과학 천재 피터 파커에게 넘겨주며 이렇게 말했습니다.

"피터야, 이걸로 네 수트를 잘 꾸며 봐. 너 똑똑하잖아. 경찰에 신고한다고 했지? 몇 년이 지나고도 계속 그런 마음이 든다면 그때 가서 신고해. 단, 지금은 한 번만 참고 나를 믿어주길 바란다. 피터, 내 맘 알지? 사랑한다."

속는 셈치고 이번 한 번만 더 믿어보리라 결심한 피터는 무거운 머리를 안고 집으로 돌아왔습니다. 현관문을 열고 집에 들어선 순간, 그는 자신의 너저분한 모습이 비친 거울을 보게 됩니다. 바로 그때였습니다. 무엇인가 번쩍 머릿속을 강타하는가 싶더니 피터가 자기 앞에 있는 거울을 깨부수기 시작합니다. 깜짝 놀란 메이 숙모가 옆에서

말렸지만 그의 광적인 행동은 좀처럼 멈추지 않았습니다.

그런데 피터가 깨진 거울 조각을 손에 든 채 실실 웃고 있는 거예요. 앞면과 뒷면을 번갈아 살펴보면서요. 처음 보는 조카의 모습에 두려움을 느낀 메이 숙모가 조용히 수화기에 손을 올려놓은 순간 번개같이 달려온 피터가 귓속말을 했습니다.

"숙모, 제 얼굴을 비춰주는 거울이 뭘로 만들어졌나 궁금해서 그랬어요. 역시나 알루미늄이었네요. 유리에 아주 얇은 알루미늄을 붙인 거네……. 왜 이걸 생각 못했지? 먼저 주무세요, 숙모. 저는 사장님이 내준 숙제 좀 하다가 잘게요."

피터가 2층으로 후다닥 올라가버리자 메이 숙모는 조용히 휴대폰을 꺼내 캡틴 마블에게 구조 신호를 보냈습니다.

SCENE 06

클론 사가

연극반 소품 상자에서 주워온 알루미늄 코팅 렌즈의 능력은 단순히 감정을 숨기는 데서 그치지 않았습니다. 그 진정한 능력은 가시광선+을 포함한 각종 빛을 반사하는 데 있었어요. 이는 실내의 거울을 비롯한 자동차 유리, 건물 외벽의 대형 유리창에도 적용되는 과학 원리였습니다.

+ 닥터 스코의 시크릿 노트

사람의 눈으로 볼 수 있는 빛을 일컫는 말이야. 보통 가시광선의 파장 범위는 380~800나노미터(nm)인데 등적색(누런빛을 띤 짙은 붉은색), 등색(붉은빛이 도는 누런색), 황색, 녹색, 청색, 남색, 자색의 일곱 가지가 있어.

매직 거울이라 불리는 '단방향 투과성 유리'와 창문의 일반적인 재료인 '양방향 투과성 유리'의 차이는 알루미늄 코팅 층의 유·무에 따라 갈라집니다. 또한 '일반 거울'과 '매직 거울'의 차이는 검은 페인트 코팅 층의 유·무로 갈리고요. 이들의 기본 재료인 유리가 어느 제품으로 탄생할지는 유리와 알루미늄 층 그리고 검은 페인트 층의 조

✚ 닥터 스코의 시크릿 노트

스파이더맨의 복제품들이 여럿 등장하는 마블의 만화 시리즈야. 1994년부터 1996년까지 등장하는 스파이더맨 원작 시리즈의 주된 내용이지. 갑자기 등장한 피터의 부모가 사실 로봇이었다는 둥, 벤 라일리가 피터 파커를 대신해 새로운 스파이더맨이 되지만 얼마 가지 않아 사망하여 다시 피터 파커가 스파이더맨 자리로 되돌아온다는 설정하며, 오스코프 사의 노먼 오스본이 죽지 않고 살아 있다가 스파이더맨의 복제품을 양산해내는 클론 사가의 배후로 활동한다는 내용까지, 다사다난하고, 복잡하기 이를 데 없는 사건들로 구성되어 있지.

합 방법에 따라 크게 달라집니다.

자! 드디어 선택의 순간이 왔습니다. 우리 눈앞에 만화 '클론 사가'✚에 등장하는 여러 명의 스파이더맨 클론들 중 세 사람이 서 있다고 가정합시다. 성격은 우리가 임의로 정해보는 거예요. 자신감이 넘치는 스파이더맨A, 소심한 스파이더맨B, 세상과의 단절을 원하는 스파이더맨C입니다.

이들은 기존 스파이더맨이 착용하던 렌즈는 더 이상 쓰기 싫다고 했습니다. 그러나 불행히도 피터 파커의 과학 지식과 손재주는 복제되지 못했기에 별 수 없이 유리 제작업체에 전화를 걸어야 했는데요.

먼저 스파이더맨A의 상황을 볼까요?

"아저씨, 나야 나. 인기남. 이번에 마스크에 달린 렌즈 좀 바꿔보려고 하는데 어떻게 하면 좋겠어? 듣자 하니 조합법이 중요하다던데. 난 말이지. 내 순수한 눈빛을 남들이 봐줬으면 해. 피터 파커처럼 렌즈 뒤에 숨어 있는 건 내 성격에 맞지 않거든."

유리 제작업체 직원은 친절하게 대답했습니다.

"조합이고 뭐고 필요 없고 그냥 유리판만 써. 스마트폰용 강화 유리들이 투과율이 99% 이상일 테니까 그냥 그거 사다 쓰면 될 거야."

다음은 스파이더맨B의 상황입니다.

"저기……저…… 밖에서 제가 보이지 않는 렌즈 혹시 없을까요?

저는 잘 보였으면 좋겠는데요."

유리 제작업체 직원은 이번에도 친절하게 대답했습니다.

"거울에 코팅된 알루미늄 층 두께의 절반밖에 되지 않으니까 어느 정도 잘 보일 겁니다. 조금 답답하긴 해도 참을 만할 거예요. 단, 꼭 명심하셔야 되는 사항이 있습니다. 내부는 깜깜하게, 그리고 외부는 밝게 유지해야 합니다. 이 조건을 지키지 않을 경우, 매우 당황하게 되는 일이 생길 겁니다."

밝은 공간과 어두운 공간 사이에 놓인 매직미러라니요! 이 신비로운 유리창에는 커다란 비밀이 하나 숨겨져 있습니다. 어두운 공간에서 바라볼 때는 일반적인 유리처럼 밖이 고스란히 들여다보이지만, 밝은 공간에서 바라볼 때는 거울처럼 자신의 모습이 투영된다는 사실이에요.

마술과 같은 이러한 현상은 50%의 빛은 반사시키되 나머지 50%의 빛은 반대편으로 투과시키도록 디자인된 알루미늄 층이 만들어낸 결과입니다. 빛의 이동은 밝은 공간과 어두운 공간을 가리지 않고 진행되는데요. 각각의 공간에 존재하는 빛의 양을 예측하려면 약간의 수학 계산이 필요합니다.

이 계산은 X(밝음)와 Y(어두움)라는 공간에 존재하는 빛의 양을 각각 x와 y라고 정의하는 것에서부터 시작합니다. '50% 반사와 50% 투과'라는 개념을 머릿속에 넣어두고 매직미러에 빛을 통과시켜봅시다. 각 공간에 머무는 빛의 양은 다음의 수식을 따르게 될 것입니다.

매직미러 통과 후 각각의 공간 내에 존재하는 빛의 양

X공간 : x + 0.5y

Y공간 : y + 0.5x

두 공간의 초기 빛의 양 x와 y의 값이 동일하다면, X공간과 Y공간의 최종 빛의 양은 X나 Y나 1.5x 혹은 1.5y로 동일할 거예요. 그런데 만약 X공간과 Y공간의 밝기가 차이를 보인다면 어떨까요?

x:y = 2:1 이면 X:Y = 2.5:2 = 1.25:1

x:y = 3:1 이면 X:Y = 3.5:2.5 = 1.4:1

x:y = 4:1 이면 X:Y = 4.5:3 = 1.5:1

이렇듯 각각의 공간 내에 존재하는 빛의 양은 점점 그 격차가 벌어지게 됩니다. 그럼 이제 X공간과 Y공간에서 서로를 바라본다고 가정해볼까요?

상대적으로 밝은 공간(X)를 바라볼 때는 마치 영화 스크린을 보는 듯한 착각이 들지만, 밝은 공간(X)에서 상대적으로 어두운 유리 격벽을 바라볼 때는 아무것도 보이지 않습니다. 우리의 동공은 이미 밝은 공간에 대한 적응을 끝마쳤기에 어두운 공간에서부터 날아온 극미량의 빛 따위는 있으나 마나 신경 쓰지 않습니다. 그냥 없는 셈 치는 것인데요. 그보다는 차라리 반감되어 돌아온 반사 빛을 훨씬 더 강렬하게 느끼게 됩니다.

⬆ 외부가 내부보다 더 밝은 경우

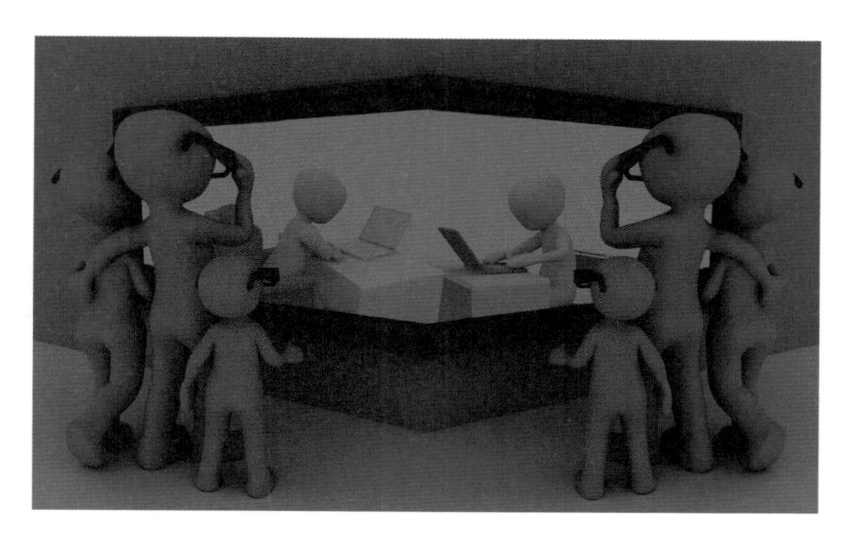

⬆ 내부가 외부보다 더 밝은 경우

다시 말하자면, 어두운 공간에서 바라본 유리 격벽은 유리창으로서의 역할을 하지만, 밝은 공간에서 바라본 유리 격벽은 거울의 역할을 하게 된다는 뜻입니다.

스파이더맨B가 만약 낮에만 활동한다면 그의 렌즈는 그가 계획한 대로 바깥에서는 절대 내부를 들여다볼 수 없는 거울의 형태를 띠겠지만, 해가 저물어버린 밤에 활동한다면 그의 렌즈는 순수한 선글라스의 수준을 벗어나지 못하게 될 것입니다. 어둠 속에서 끼고 있는 선글라스라니. 정신 나간 사람이라고 오해받기 딱 좋지 않을까요?

이번에는 고립을 희망하는 스파이더맨C의 상황을 살펴봅시다.

"아저씨. 나는 이 세상이 싫어요. 밝을 때나 어두울 때나 하루 종일 제 모습만 보였으면 좋겠어요. 혹시 그런 렌즈도 있나요?"

유리 제작업체 직원은 황당한 요청에도 불구하고 끝까지 평정심을 유지한 채 이번에도 최선을 다해 친절하게 대답했습니다.

"물론이죠. 앞서 스파이더맨B 고객님께 드린 렌즈보다 알루미늄 코팅의 양을 좀 더 늘려드릴게요. 반사가 더욱 극대화되도록 말이죠. 그래도 투과되는 빛이 있을지 모르니 이를 차단하기 위해 검게 덧칠까지 해드리겠습니다. 고객님께서는 앞으로 이 제품을 렌즈라고 부르지 마시고, 거울이라 부르세요."

우리가 임의로 만든 스파이더맨의 클론 사가는 심리 상태가 다른 이들이 저마다 알루미늄 코팅 층을 어떻게 이용하느냐에 따라 그 결말이 크게 달라질 것입니다.

SCENE 07

올바른 사용법을 알려줘

자신을 드러내느냐 그렇지 않느냐 선택의 기로에서 마스크 렌즈의 옵션을 결정했던 스파이더맨. 그는 매직미러를 선택함과 동시에 원치 않는 결과를 얻게 되었습니다.

전 세계에 다수의 팬을 둔 셀럽의 입장임에도 불구하고 남과 절대 눈빛 교환하는 법이 없는 그였기에 일각에서는 '괘씸하다', '유명해지더니 변했다', '도무지 속마음을 모르겠다'는 식의 반감을 갖기 시작했는데요. 극성팬과 안티팬은 종이 한 장 차이라고 했던가요? 돌아서 버린 이들의 마음속에는 애증이라는 독특한 감정이 생겨났고, 그들은 '스파이더맨 제거'를 기치로 내걸고 저마다 힘을 키워갔습니다.

〈어메이징 스파이더맨2〉에 나오는 '어쩌다 빌런'인 일렉트로는 한때는 스파이더맨 왕팬이었지만 알루미늄 렌즈로 가린 그의 속마음을 오해한 나머지 뉴욕의 전기를 다 빼먹는 슈퍼 빌런이 되어버렸습니다.

이놈이 진짜 내 편인지, 내 편인 척하면서 뒤에 숨어 비웃고 있는 건 아닌지 도무지 알 수 없었던 일렉트로는 스파이더맨의 눈을 마주 보며 이야기를 나누고 싶었지만, 그의 멘토 거미 인간은 좀처럼 렌즈를 걷어내지 않았습니다. 따라서 그가 볼 수 있는 것이라곤 스파이더맨의 따뜻한 눈빛이 아닌 차가운 렌즈에 비친 자신의 해괴망측한 얼굴뿐이었습니다. 진심어린 대화가 불가능하겠다는 판단이 선 순간 일렉트로의 분노가 터져 나옵니다.

참으로 답답한 상황이 아닐 수 없어요. 알루미늄이라는 좋은 재료와 반사라는 놀라운 현상을 눈빛 가리개용으로만 썼으니 이 모양이 꼴이 된 게 아닐까요? 뒤에서 사주한 마블의 제작진이 가장 큰 문제지만, 무턱대고 그들의 명령을 따른 피터에게도 분명 잘못이 있습니다.

반사하는 빛의 영역을 가시광선으로만 한정해버리다니, 피터가 정말 미드타운 과학고등학교의 수재가 맞는 걸까요? 과학에 문외한인 제작진들이 시켰다고 해서 줏대도 없이 그 의견에 동참하다니 말입니다. 피터는 가시광선 이외에 다른 전자기파가 있다는 것을 깜빡하고 있었던 것 같습니다. 적외선 영역(infrared)과 마이크로파(microwave) 말입니다.

적외선 영역이란 가시광선의 적색(red) 영역보다 더 바깥쪽(infra)에 있는 전자기파를 의미합니다. 영화 속에 흔히 등장하는 적외선 카메라를 떠올리면 됩니다. 어둠 속에서 생명체가 내뿜는 복사열을 잡아내기 위한 장비이죠. 그러니까 적외선 영역은 강한 열작용을 가지고 있는 것이 특징이라고 보면 되겠지요? 한편 여러분에게 익숙한 마이크로파는 파장이 수 밀리미터에서 1미터에 이르는 것으로 '라디오 방송의 전파'와 '적외선' 사이에 해당되는 파장대를 갖는 전자기파입니다. 비록 멀리까지 나아가지는 못하지만, 벽을 투과하는 성질이 있어 무선 신호에 사용되지요. 또한, 분자의 회전 운동에 영향을 줄 수 있는 에너지를 갖고 있어 물 분자의 회전 운동을 극대화시키는 역할도 가능합니다. 덕분에 전자레인지 내에 넣어둔 음식이 뜨거워지는 것입니다.

발열체와 떼려야 뗄 수 없는 불가분의 관계를 맺고 있는 '적외선', 와이파이(Wi-Fi)와 블루투스(bluetooth)를 비롯한 각종 무선 통신에서 광범위하게 쓰이고 있는 '마이크로파'. 이 둘은 알루미늄 박막 층이 튕겨낼 수 있는 또 다른 전자기파 영역이라고 잘 알려져 있습니다.

태양 빛은 물론 태양열까지 막아낸다는 자동차 유리의 틴팅 필름+은 알루미늄이 얇게 코팅된 것이 대부분입니다. 마이크로파를 활용한 전자기기인 전자레인지(microwave oven)의 설명서를 보면 '알루미늄 호일의 사용을 절대 금합니다'라고 적혀 있는데요. 스파크가 팍팍 튀는 현상은 다른 문제이긴 해도 알루미늄 호일로 감싸면 마이크로파를 반사시키기 때문에 음식물이 데워지지 않는답니다.

+ 닥터 스코의 시크릿 노트

틴팅 필름이란 차량의 유리에 부착하는 특수한 필름이야.

최근 미국의 버팔로 대학교 연구진들이 개발해낸 '전기가 필요 없는 건물 냉각 기술'은 알루미늄으로 태양의 복사에너지(열기)+를 반사

시킨다는 콘셉트가 기본 틀을 이루었는데요. 이는 에너지 기술 분야에서 전 지구적으로 핫이슈가 된 '제로 에너지 빌딩'++이 알루미늄의 태양열 반사 없이는 결코 쉽게 다가설 수 없는 경지라는 것을 의미합니다.

+ 닥터 스코의 시크릿 노트

복사에너지란 물체에서 방출되는 전자기파의 에너지야. 물리학에서는 전자기파와 중력파의 에너지를 말하지.

++ 쉽게 말해 '에너지 자립 건축물'이야. 국제에너지지지구(IEA)에 따르면 전 세계 총 에너지 소비량 중 약 36%가 건물에 사용된다고 해. 최근 불거지고 있는 지구온난화를 억제하기 위한 에너지 절감 대책으로 이제 세계 각국에서 제로 에너지 빌딩 의무화를 추진하고 있어. 나라마다 '제로'에 대한 정의는 다르지만 대개 단열재, 이중창 등을 통해 외부로 손실되는 마이너스 에너지를 최소화하는 '패시브 기술' 신재생 에너지인 태양광이나 지열 같은 플러스 에너지를 충당해 소비를 최소화하는 '액티브 기술'이 합쳐진 건물을 통상 제로 에너지 빌딩이라고 일컬어.

이렇듯 과학자들의 알루미늄 사랑은 말로 표현할 수 없는 수준입니다. 우리의 히어로들이 사는 세상인 마블 월드 역시 알루미늄의 중요성을 무시할 수 없는 과학 기술의 성지잖아요? 블랙팬서(티찰라 국왕)가 이끄는 와칸다 왕국의 마천루에도 제로 에너지 구현을 위한 알루미늄 커튼 월(curtain wall)이 드리워져 있을지도 모릅니다. 그 뿐인가요? 2017년 토니 스타크의 주도로 뉴욕 업스테이트(New York Upstate)로 이전해온 어벤져스 신(new) 사옥의 건물 외벽 어딘가에도 알루미늄 박막이 덧대어져 있을지 모릅니다. 포화가 쏟아내는 열기도 막고 외부의 방해 전파도 차단하는, 그야말로 전투를 위한 일석이조의 재료를 마블 사람들이 마다할 이유가 없을 테니까요.

SCENE 08

피터 파커보다 한 수 위인 토니 스타크

"날 더울 때 열도 막을 수 있고, 백내장이나 두통 같은 여러 건강 이상 징후들을 야기하는 마이크로파까지 막아낸다는데, 스파이더맨은 이렇게 좋은 알루미늄을 왜 눈에만 적용하지? 몸 전체를 다 덮어버리면 얼마나 좋을까? 설마 재료비 아까워서 딱 필요한 부분만 쓰는 건가?"

최고의 가성비를 자랑하는 알루미늄에 매료된 이들이라면 한결같이 이런 의문을 가질 겁니다. 저도 그랬거든요. 그런데 〈스파이더맨: 홈커밍〉을 접하고 나서 이러한 의문과 불만이 씻은 듯이 사라졌습니다. 스파이더맨이, 아니 정확히는 그의 수트 누나(캐런)가 무선 통신을 사용하는 것을 보고 난 직후였습니다.

"오호라! 이러니까 렌즈에만 적용할 수밖에 없었던 거로군! 알루미늄으로 몸 전체를 다 뒤덮어버리면 외부와의 통신이 단절될 테니까 말이야. 역시 토니 스타크는 전자기 계통의 전문가야. 아직까지는 제자보다 스승이 훨씬 낫네."

+ 닥터 스코의 시크릿 노트

다공성 구조란 고체가 내부 혹은 표면에 작은 구멍들을 많이 포함하고 있는 상태를 말해.

한때 각종 매스컴을 뜨겁게 달구었던 전자파 이슈가 떠오릅니다. TV나 전자레인지 옆에 숯이나 선인장을 가져다 놓으면 전자파가 차단된다는 말도 되지 않는 이야기가 오고 갔던 적도 있었는데요. 탄소로 구성된 숯의 다공성 구조+와 선인장이 머금고 있는 수분이 전자파를 희석한다는 논리였습니다.

이 논쟁은 단 한 번의 실험만으로 거짓임이 밝혀졌습니다. 전파를 차단하려면 숯이나 선인장을 쓰는 것보다 물체를 알루미늄 호일로 감싸는 편이 나은 것으로 결론이 났거든요. 단, 전파가 새어나오지 못하도록 빈틈없이 둘러쌌을 때만 그 효과가 극대화되었는데, 이는 알루미늄 호일로 완벽히 감싼 휴대폰이 먹통이 되어버리는 현상과 같은 원리였습니다.

전자파는 말 그대로 전기장과 자기장을 동시에 형성하는 빛의 파동을 뜻합니다. 어떤 재료가 전자파 차단의 효과를 갖고 있는지에 대해 판단하려면 그 재료가 전류는 빠르게 흘려보낼 수 있는지, 그리고 자기장의 세기는 얼마나 강한지 확인해야만 합니다. 알루미늄은 이러한 두 가지 필수 조건 중에서도 전류를 빠르게 흘려보낼 수 있는 부류에 속해 있다고 볼 수 있습니다. 산업계에서는 전자파 차단 효과를 톡톡히 보기 위해 두 부류에 존재하는 재료들을 서로 혼합하여 합금의 형태로 만들어 쓰기도 합니다. 단, 극적인 차단 효과를 보기 위해서는 외부로부터 받아들인 전자파가 다른 곳으로 쉽게 빠져나갈 수 있도록 길목을 만들어주는 것이 꼭 필요하죠. 우리는 이 길목을 두고 '접지'라고 부릅니다.

물론 마이크로파를 포함한 전자기파를 막아내는 데 알루미늄만이 해답은 아닙니다. 구리로 만든 동박 테이프+도 대체 재료가 될 수 있고, 눈에 보이지 않을 만큼 얇은 철망 또한 전파 차단제 역할을 톡톡히 해내고 있으니까요. 그러나 앞서 언급했던 눈빛 차단과 적외선 차단은 물론 가격적인 부분까지 만족스러운 재료로서 알루미늄을 따라갈 금속은 없습니다. 그런 까닭으로 토니 스타크는 거리낌 없이 스파이더맨의 수트에 알루미늄을 장착했던 것입니다.

> **+ 이거 정말 궁금한데 뭐에요??**
>
> 동박 테이프는 이름 그대로 얇은 구리 층이 입혀진 테이프를 의미해.

토니 스타크는 자신의 후계자에게 주는 선물을 최고의 품질로 만들어주고 싶었을 겁니다. 최첨단 수트를 제작해주는 김에 온몸을 알루미늄으로 감쌀 수도 있었겠지요. 하지만 토니 스타크는 그렇게 하지 않았습니다. 그가 스파이더맨의 수트 전체를 알루미늄으로 덮어버리지 않았던 데엔 나름의 숨겨진 이유가 있었을 겁니다. 대놓고 이거다 말하진 않았지만 어쩌면 위급 상황에서 자신에게 보내는 무선 통신이 차단되지 않을까 걱정했던 것 같습니다. 제 아무리 AI 기능을 심어놨다지만 알루미늄으로 막혀버리면 그 순간 바로 모든 게 그림의 떡이 되어버릴 테니까요.

더욱이 앞으로 등장할 스파이더맨의 전용 장비인 '스파이더 트레이서'는 특정 주파수대의 전자기파를 쓴다고 알려져 있는데요. 이것 또한 알루미늄의 전신 수트화가 불가능하다는 또 하나의 이유가 될 수 있습니다.

SCENE 09

수트와 혼연일체가 되어야 해

과학자들은 매일 실험 가운을 걸치고 일합니다. 화학 약품처럼 인체에 해로운 무엇인가가 튀는 것을 막으려는 의도지요. 금융업 종사자들이나 군인, 경찰도 통일성과 전문성을 보여주는 유니폼을 입습니다. 마블의 히어로들 역시 마찬가지입니다. 저마다의 능력과 목적에 걸맞은 작업복을 입고 있습니다.

캡틴 아메리카와 토르, 그리고 닥터스트레인지 같은 인물들은 자신의 출중한 신체 능력을 믿기 때문인지 걸치기용 수트만 입고 있습니다. 심지어 신체 능력으로만 치자면 단연 '갑 중의 갑'인 헐크는 옷이 죄다 찢어져버린 다음 얇은 스판 소재의 청바지만 입고 있습니다.

이들과 달리 완전 무장파도 있습니다. 남들이 범접할 수 없는 엄청난 경제력을 앞세운 아이언맨과 블랙팬서는 온몸을 방탄 소재로 뒤덮고, 자동 착용까지 가능한 영리한 수트를 착용했습니다. 옆 동네에 사는 초호화 박쥐 인간 배트맨처럼 말이에요.

여기서 잠깐! 우리의 쫄쫄이 마니아 스파이더맨은 이들 중 어느 부류에 속할까요? 수트발을 내세운 아이언맨 파일까요, 아니면 근육이 빵빵하여 자신의 능력을 과시하는 데 익숙한 캡틴 아메리카 파일까요?

〈스파이더맨: 홈커밍〉을 떠올려봅시다. 피터 파커는 수트를 다시 빼앗아가려는 치사한 토니 스타크에게 다음과 같은 멘트를 날렸습니다.

"제발 가져가지 마세요. 저는 수트 없으면 아무것도 아니에요."

그는 자신이 아이언맨처럼 수트발 부류라는 사실을 만천하에 고했던 겁니다. 그러나 눈물어린 호소에도 불구하고 이미 마음이 상한 토니 스타크는 "그러니까 더욱 가져갈 거야"라는 모진 대답만 남긴 채 획 돌아서고 말았습니다.

토니 스타크는 자신이 후계자로 낙점한 인물이 본인처럼 아무 힘이 없는 보통 사람이길 원하지 않았습니다. 그가 진정으로 원했던 것은 한 가지, 바로 무궁무진한 잠재 능력과 최고로 스마트한 수트의 '혼연일체'였습니다.

공부할 생각은 하지 않고 시험 스킬만 늘리려는 학생을 예뻐할 선생님은 없잖아요? 하지만 말이 좋아 잠재능력이지 그 능력이 깨어나지 않고 잠만 잔다면, 차라리 없는 것만 못합니다. 토니 스타크도 스파이더맨의 수트를 만들어주면서 이런 생각을 한 것 같아요. 다른 히어로들의 수트에 기본 옵션으로 탑재되어 있던 '방탄 기능'을 쏙 빼버린 걸 보면 말입니다.

〈스파이더맨: 파 프롬 홈〉에 처음으로 등장한 '나이트 몽키' 에디션에는 어느 정도 방탄 기능이 갖춰진 것으로 보여요. 그러나 이것은 토니의 선물이 아니었습니다. 닉 퓨리인지 아님 닉 퓨리를 가장한 스크럴(skrull)인지는 정확히 알 길 없는 정체 모를 인물이 전해준 것이지요.

이후 토니의 마음을 온몸의 감각으로 받아들인 피터는 자신의 힘을 비롯해 메이 숙모가 '피터 찌리릿'이라 부르는 특별한 직감 능력, 즉 스파이더 센스(Spider Sense)를 더욱 증폭시켰습니다.

미스테리오와의 마지막 결전이 벌어지던 상황에서 스파이더맨의 직감 능력은 빛을 발합니다. 자신의 모습을 숨긴 채 스파이더맨에게 총부리를 겨누고 있던 미스테리오를 오직 직감만으로 찾아낸 것이죠. 눈시울이 붉어진 채로 "당신은 이제 날 못 속여"라는 전율이 감도는 멘트를 던진 스파이더맨. 그의 멘트에는 다음과 같이 생략된 표현이 숨어 있는 듯합니다.

"(내 스파이더 센스 봤지?) 당신은 이제 날 못 속여."

방탄 기능이 없는 수트를 입고 전투 장면을 촬영하는 현장에서 감독과 액션 동선을 짜다가 빌런이 쏜 총에 맞아 죽는다면 이 얼마나 어처구니없고 무의미한 죽음이 되겠습니까? 어떤 사람들은 기본 옵션조차 빼버린 스파이더맨의 수트가 토니 스타크의 무모함에서 비롯된 것이라고 평가할지도 모릅니다. 하지만 정말 그럴까요?

저는 그렇게 생각하지 않습니다. 토니가 스파이더맨에게 준 수트야말로 피터를 향한 애정 그 자체라고 여겨지니까요. 수트 전체에 알루미늄을 적용하지 않았다고 욕을 먹고, 방탄 기능을 빼먹었다고 질

책 받으면서도 걸핏하면 수트를 다시 빼앗아가는 토니 스타크였지만, 그가 수트에 탑재한 수많은 기능을 보면 정말이지 입이 다물어지지 않습니다. 자그마치 576가지의 거미줄 분사 방법은 물론 터치 한 번으로 몸에 착 달라붙기도 하고 날이 특별히 추울 때면 체온 유지를 위해 열기를 방출합니다. 심지어 겨드랑이에서 웹윙(web wing)이라는 거미줄 날개까지 튀어나오지요. 이런 장치들을 애정 없이 고안해서 탑재해줄 수 있을까요?

체형에 딱 맞는 맞춤정장과 수제화를 주문하는 데도 거금이 드는 법인데, 스파이더맨의 능력들과 궁합이 딱 맞는 최첨단 수트를 아무 보상 없이 만들어준 토니 스타크. 그는 진정 스파이더맨을 아끼고 사랑한 인물이었습니다. 스파이더맨의 광팬을 자처하는 그 누구라도 감히 토니 스타크의 헌신적인 노력 앞에서는 무릎을 꿇을 수밖에 없을 겁니다.

SCENE 10

토니가 피터를 탐낸 까닭

토니 스타크는 피터를 위한 스파이더 수트를 제작함에 있어 가장 중요한 포인트를 놓치지 않았습니다. 그가 가진 모든 능력을 오롯이 발휘하게 해주는 이 기능에 나름대로 이름을 붙여준다면 '렛잇비(let it be)' 정도가 적당하겠군요. 무슨 뜻인지 알아봅시다.

"우리 피터가 입을 수트인데 내가 직접 만들어줘야지. 암, 그렇고 말고. 이런 기능, 저런 기능 생각나는 대로 죄다 장착해주었으니까 이제 어디 가서도 꿀리지 않을 거야. 음. 스파이더맨이 활약하는 유튜브 영상을 다시 한 번 보면서 뭐가 빠진 게 있는지 하나씩 되짚어보자. 헉! 벽에 붙어 다닌다는 사실을 깜빡했네. 하마터면 피터만 가진 독보적이면서도 강력한 능력인 '부착력'을 못 쓰게 만들 뻔했어. 수트가 피부를 죄다 둘러싸버렸으니 수트 자체에 부착 특성을 부여해야겠다."

거미 인간을 거미답게 만들어줄 수 있는 가장 필수 요소이자 다른 히어로들과 결이 다르다는 것을 보여주는 스파이더맨만의 전유물은 두말할 나위 없이 '부착 능력'입니다. 따라서 이를 방해하지 않는 기능을 무엇보다 우선시해야 했습니다.

사실 이 기능은 피터 파커의 가내 수공업 수트에도 적용되었던 것이기에 그다지 생소한 부분은 아닙니다. 마블 코믹스 원작에서는 피터가 자신의 벽타기 능력을 잃지 않기 위해 아주 얇은 재질의 장갑과 부츠를 신었다고 하지만, 이는 그저 그렇고 그런 변명일 뿐 어떠한 정확한 정보도 주지 못합니다. 왜냐고요? 피부의 부착 능력을 유지하려면 섬유의 두께가 마이크로 단위 아니 나노 단위까지 내려가야 할 텐데 그런 얇은 섬유를 손바닥과 발바닥에 붙인다니요? 손바닥이야 그럴 수 있다 쳐도 날카로운 돌멩이들과 깨진 유리 조각, 거기에 녹이 잔뜩 슬어 있는 못까지 나뒹구는 싸움터에서 수 마이크로미터도 되지 않는 얇은 신발을 신고 뛰어다닌다니, 아무리 혈기왕성한 사춘기 소년이라지만 죽기를 각오하지 않고서야 불가능한 일입니다. 너무 많이 뛰어다닌 탓에 강철 같은 굳은살이 생겼다면 또 모를 일이지만요.

마블 측에서 왜 그토록 허술한 변명을 늘어놓는지, 실제로 무엇을 숨기려고 그러는 것인지 알아낼 방법은 없습니다. 그러나 한 가지 분명한 점은 스파이더맨이 보여주는 부착 능력의 원동력은 적어도 자석처럼 서로 끌어당기는 '강한 인력'이 아니라는 사실입니다.

〈스파이더맨1(2002)〉을 떠올려봅시다. 거기 보면, 피터 파커의 피부가 변화하는 과정을 적나라하게 묘사하는 장면이 나옵니다. 피부를 클로즈업하여 들어가 보았더니 날이 시퍼런 가시들이 빽빽하게 늘어서 있어요. 그 가시들을 또다시 클로즈업해서 보면 이들은 저마다 무수히 많은 털들로 뒤덮여 있지요.

이처럼 거칠거칠한 피부를 가진 피터 파커는 맨손으로 벽을 기어오르거나 지하철 안전봉에 매달릴 수 있었고, 지나가는 행인의 옷을 손바닥에 붙일 수도 있었습니다. 피터 파커의 이 같은 점착성 피부는 실제 거미의 다리털로 대변된다고 알려져 있습니다. 다리털에 존재하는 단백질과 키틴 분자+들(다당류)은 점착성의 근원인데요. 이 키틴 분자들의 독특한 정렬법으로 인해 점착과 탈착의 수많은 반복에도 불구하고 다리털이 부러지지 않을 수 있다는 것입니다. 놀랍게도 이것은 독일 연구팀이 2019년 1월에 발표한 따끈따끈한 결과입니다.

+ 닥터 스코의 시크릿 노트

키틴 분자는 게나 새우 같은 갑각류나 곤충의 외피, 미생물의 세포벽에 포함된 물질로서, 단백질과 복합체를 이루고 있는 다당류야.

또한 만화 원작에는 피터 파커의 피부에 돋아난 가시들이 주인의 의지에 따라 겉으로 튀어나올 수도 혹은 피부 속에 감춰질 수도 있다고 되어 있습니다. 마치 엑스맨(X-men)의 짐승남인 울버린의 손등 포크처럼 말이에요. 비록 실제 부착을 담당하는 거미의 다리털에 이러한 부가적인 IN/OUT 옵션까지 포함되어 있는 것은 아니지만 높은 표면 에너지만큼은 거미 다리털의 그것을 그대로 물려받은 피터 파커. 그가 만약 희귀한 현상에 열광하길 좋아하는 대한민국에서 태어났더라면 MBC와 SBS 양 방송사의 장수 프로그램인 〈서프라이즈〉와

〈세상에 이런 일이〉 제작진들에게 분명 많은 괴롭힘을 받았을 겁니다.

"서울 한복판에 벽타기의 달인이 출몰했다고 하는데요, 다음 주인공을 만나러 떠나보시죠. 출발!"

SCENE 11

우연히 얻은 상식과 깨달음

몇 개월 전의 일입니다. 스파이더맨의 원고를 준비하던 저는 일반적으로 알려진 마블의 영화화된 캐릭터들 이외에 숨겨진 히어로들이 있는지 조사하고 공부해볼 생각으로 네이버의 초록색 대문을 노크했습니다. 아는 것이라곤 기껏해야 스파이더맨과 그의 주변 지인 몇이 전부였기에 마덕(마블 덕후)으로 거듭나려면 최대한의 상식을 끌어모아야만 했거든요.

그 과정에서 우연히 〈어벤져스〉 시리즈의 '블랙나이트(black knight)'를 발견하게 되었습니다. 오금이 저릴 듯한 이름부터 과학지식은 물론 마법지식까지 겸비한 그는 한때 어벤져스에 속했을 만큼 최고의 히어로'력'을 자랑하는 캐릭터였습니다.

아이언맨의 손바닥처럼 에너지 블라스터를 발사하는 능력을 가진 '빛의 검(Sword of Light)'과 블랙팬서의 수트처럼 공격 에너지를 흡

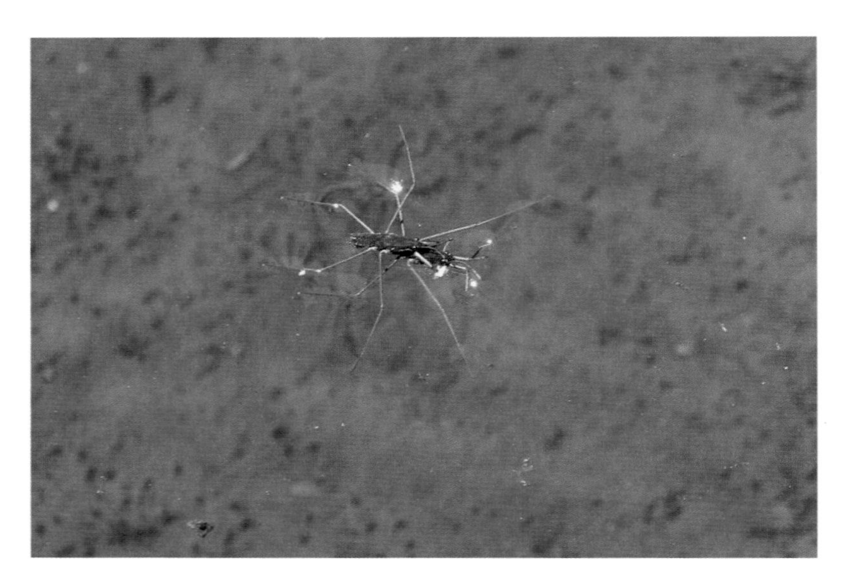

⬆ 물 위를 걷는 소금쟁이

수하는 '어둠의 방패(Shield of Night)'를 든 모습은 마치 배트맨의 중세 기사 버전을 연상하게 해주었는데요. 그는 배트카 대신 '스트라이더(Strider)'라는 하늘을 나는 말을 타고 다니며 전장을 누볐습니다.

여기까지 맛보기 공부를 마친 후 저는 자전거 이름에서나 들어봄 직한 스트라이더라는 단어를 찾아보려고 인터넷 검색창을 방문했습니다.

"똑똑! 계십니까? 스트라이더의 뜻을 알고 싶은데요."

네이버 어학사전은 'stride하는 사람(성큼성큼 걷는 사람)'이라는 정의와 함께 한 가지 예시를 들어줬습니다. 앞에 water라는 명사를 붙여줌과 동시에 '물 위에서 성큼성큼 걷는 자'라는 의미를 담은 'water strider'였습니다. 바로 표면장력이라는 비범한 능력을 보이는 물을 땅 대신 자신의 터전으로 삼아버린 곤충, 소금쟁이입니다.

표면장력은 말 그대로 표면에 존재하는 '당기는 힘(장력)'인데요. 자신과는 성질이 다른 물질(ex. 공기)에게서 멀어지기 위해 특정 분자(ex. 물 분자)들이 서로 뭉치려는 능력을 의미합니다. '뭉치면 살고, 흩어지면 죽는다' 혹은 '우리가 남이가!'라는 표현을 목숨만큼 소중히 여기는 물질들이 갖는 독특한 특성입니다.

거미의 벽 타기와 소금쟁이의 물 타기. 이 둘은 전혀 다른 공간에서 벌어지는 일임에도 불구하고 놀랍게도 자신들이 밟고 서 있는 물질과의 '표면에너지(surface energy)'+를 십분 활용하고 있다는 공통점이 있었습니다. 하나는 벽에 붙기 위해, 또 다른 하나는 물에 뜨기 위해 자신의 다리털을 이용했던 것입니다.

+ 닥터 스코의 시크릿 노트

표면에너지란 두 가지 이상의 물질이 서로 맞닿아 표면 혹은 계면을 이루고 있을 때, 필연적으로 나타나는 분자 간의 상호에너지를 말해.

다리털이 어떠한 물체에 닿는 면적과 그 면적을 최소화하기 위한 물체의 힘(표면장력)으로 구성된 표면 에너지는 벽과 물에서 각기 다른 결과를 이끌어냅니다. 유동성이 풍부하여 유체라는 집단에 합류하게 된 물은 소금쟁이의 다리털이 닿으면 자신과는 다른 부류인 그것을 밀어내기 위해 움츠러들어요. 자신의 공간을 내어주지 않으려는 물 분자들로 인해 소금쟁이에게 물속은 그야말로 그림의 떡에 지나지 않습니다. 이슬방울에 갇힌 또 다른 다리털의 대가인 개미가 주변의 도움 없이는 절대 탈출할 수 없다는 이야기를 들어본 분이라면 충분히 공감할 수 있겠지요?

반면, 유동성이 전혀 없는 고체인 벽은 자신의 위치가 이미 고정되어 있기에 아무리 싫어도 미세한 움직임조차 허락받지 못합니다. 거미털이 너무나 싫어도 밀어내지 못하는 것입니다. 따라서 밀어내기에 실패한 벽은 거미를 받아들일 수밖에 없습니다.

이들의 운명을 좌우하는 것이 바로 '반데르발스 힘(Van der Waals force)'입니다. 거미는 자신의 무수히 많은 다리털 각각에 자연의 미약한 힘을 부여했고, 그 결과 거미의 몸을 지탱할 수 있는 부착력을 얻었습니다. 미약한 반데르발스 힘들이 모여 거대한 힘이 되어버린 이 모습이야말로 어벤져스로 귀결되는 마블 히어로들의 전형적인 삶이 아닐까요?

예를 들어 〈캡틴 아메리카: 시빌 워〉를 떠올려봅시다. 성향이 전혀 달라 서로 반목하던 아이언맨과 캡틴 아메리카가 수없이 많은 대화와 관찰을 통해 서로가 가지고 있던 빈틈을 찾아내던 상황 말입니다. 굳게 닫힌 상대방의 마음에서 빈틈을 발견한 그들은 그걸 약점으로 공격의 빌미로 삼곤 했지만 정작 이를 바라보는 관객들은 그들의 빈틈이 서로 만나면서 보여주는 인간적인 면모에 매력을 느꼈습니다. 원자와 분자도 마찬가지입니다. 서로의 핵을 둘러싼 전자구름에서 빈틈이 보이는 순간, 그들은 그제야 한데 어우러질 수 있습니다. 우연이 만들어낸 기적. 분자 단위의 작은 세상에서는 이 기적의 '끌어당김'을 두고 '반데르발스 힘'이라 부릅니다.

자신의 이동 경로에 표면에너지라는 팻말을 박고 다니는 거미와

⬆ 깡충거미과에 속하는 눈이 8개 달린 거미

⬆ 늑대거미과에 속하는 거미

소금쟁이! 그들은 능력뿐 아니라 spider(거미)와 strider(소금쟁이)처럼 이름도 비슷합니다. 단지 사는 곳만 다를 뿐, 추구하는 바는 비슷한 것 같습니다. 그런데 이들을 하나로 묶어 이야기하는 것은 동물의 분류 기준에서 한참 어긋나는 일이랍니다.

거미'목'의 하위에 존재하는 수많은 XX거미'과'들과 노린재'목'의 하위에 들어있는 소금쟁이'과'는 설령 비슷한 능력을 보이더라도 엄연히 다른 존재들인 탓입니다. 에너지 블라스터를 쓰고 날아다닌다 하여 페이즈3(3세대)의 아이언맨과 페이즈4(4세대)의 블랙나이트(〈이터널스〉에 출연 확정)를 한데 엮을 수 없는 것처럼 말입니다.

또한 거미목의 생명체들이 저마다 모두 벽 타기 능력을 갖고 있는 것도 아닙니다. 거미줄을 쳐놓고 인내하며 사냥감을 기다리는 부류가 아닌 자들은 주야장천 발에 땀이 나도록 뛸 수밖에 없어요. '깡충거미과'와 '늑대거미과'처럼 이러한 운명을 타고난 부류의 거미'과' 친구들은 벽이면 벽, 천장이면 천장 등 사냥감이 있는 곳이라면 가리지 않고 돌아다니기를 원했는데요. 그 기도를 전해들은 자연은 이들에게만 반데르발스 힘을 마음껏 쓸 수 있도록 자격을 부여해주었습니다.

몸에서 거미줄을 생산하지는 못하지만 벽 타기를 할 수 있게 된 피터 파커. 그를 물었던 거미는 어쩌면 깡충거미과나 늑대거미과의 나그네 사냥꾼 부류(배회성 거미)가 아니었을까요?

그런데 아직까지 쉽게 이해되지 않는 부분이 남아 있습니다. 바로 앞에서 언급했던 거미들의 덩치는 기껏해야 1cm 남짓밖에 되지 않습니다. 그에 반해 스파이더맨의 키는 173cm(토비 맥과이어, 톰 홀랜드) 혹은 179cm(앤드류 가필드)입니다. 몇 밀리미터에 지나지 않는 거미가 벽에 붙는다는 것은 누구나 쉽게 예상할 수 있지만 70~80kg에 육박하는 히어로가 철썩 철썩 벽에 붙는 현상은 대체 어떻게 설명할 수 있을까요?

더욱이 〈어메이징 스파이더맨〉에서는 이 의구심에 마침표를 찍어주는 슈퍼 빌런까지 등장했습니다. 바로 리자드(Lizard)박사죠. 도마뱀으로 변해버린 커트 코너스 박사가 주인공이었는데요. 그는 스파이더맨 몸무게의 3~4배가 넘는 커다란 덩치(원작에서는 키 200cm, 몸무게 249kg로 묘사되었음)를 자랑하는데도 가볍게 벽을 기어오르고, 천장에 철썩 붙어 성큼성큼 걸어가고, 미끄러운 탑신에도 거침없이 올라갔습니다.

마음이 엄청 너그러운 마블의 관객들은 마크 웹 감독의 비현실적인 연출에도 불구하고 손에 땀을 쥐며 극을 지켜보아야 했습니다. 왜냐고요?

부피(빌런의 덩치)와 면적(빌런의 발바닥)의 관계를 따져본다면 이는 극히 비현실적인 연출이라는 결론에 바로 다다를 수 있거든요. 면적은 가로×세로, 즉 제곱의 단위를 갖는데 반해, 부피는 가로×세로×높이, 즉 세제곱의 단위를 갖습니다. 예를 들어, 어떤 빌런의 크기가 가로, 세로, 높이가 각각 1cm라고 가정할 때, 바닥과 맞닿는 면적은 $1cm^2$, 부피는 $1cm^3$죠. 이번엔 2배씩 늘려볼까요? 바닥과 맞닿는 면적(발바닥)은 $4cm^2$, 부피는 $8cm^3$가 됩니다. 크기를 3배로 늘리고, 4배로 늘리면 면적과 부피의 격차는 계속 벌어집니다. 따라서 리자드의 덩치에 이르게 되면 발바닥이 감당해야 하는 부피(혹은 무게)가 상상을 초월하게 됩니다. 아무리 스파이더맨과 리자드의 발바닥에 찰싹 붙는 능력이 있다고 하더라도 각각의 무게를 감당하기란 '무언가 뾰족한 수를 내지 않고서는' 하늘이 두 쪽 나도 불가능합니다.

관객들이 비현실적인 연출이라고 화를 낸 이유를 이해하시겠지요? 물론 감독의 잘못인 게 맞습니다. 불가능을 가능으로 묘사했으니 말입니다. 하지만 원작이 그런 걸 어쩌겠습니까?

리자드 박사를 세상에 탄생시킨 마블 코믹스의 원작자들은 대체 무슨 생각으로 도마뱀 인간을 벽에 붙인 걸까요? 의문이 꼬리에 꼬리를 물고 이어질 무렵, '생체 모방 기술'을 앞세운 과학계에서 도마뱀(정확히는 게코도마뱀)의 발바닥에 주목하기 시작했습니다.

SCENE 12

게코도마뱀의 발바닥엔 비밀이 있다

⬆ 게코도마뱀

"아유, 귀여워라. 어쩌면 발바닥이 저렇게 귀엽게 생겼을까? 미끄러운 유리벽도 착착 올라가는 그대는 부착왕!"

게코도마뱀(도마뱀붙이; 학명 Gekko Japonicus)의 귀여우면서도 신비한 발바닥에 꽂힌 과학자들은 벌써 수십 년째, 아니 더 정확히 말하면 고대 그리스 시절부터 열심히 게코도마뱀의 발바닥만 관찰하고 있습니다.

그들은 1cm^{2}당 1kg의 무게를 접착시킬 수 있는 발바닥의 원리를 이용해 유리에 붙는 특수 장갑과 특수 옷, '스티키봇(Stickybot)'이라 불리는 벽 타기 로봇을 만들어냈습니다.

네 번째 불가능한 미션(《미션 임파서블: 고스트 프로토콜(2011)》)을 성공시킨 톰 크루즈 아저씨는 이 특수 장갑을 적극 활용하여 초고층 빌딩(두바이 부르즈 칼리파) 외벽에 붙는 명장면을 연출할 수 있었지요.

거미에게 반데르발스 힘이 부여된 다리털이 있듯이 게코도마뱀에게는 그와 비슷한 '세타(seta, 뻣뻣한 섬모)'들이 존재합니다. 발바닥을 가로지르는 십여 개의 융선은 적게는 수백만, 많게는 수억 개의 미세한 세타들로 이루어져 있는데요. 이 세타들도 각각 거미털과 마찬가지로 미약하나마 반데르발스 힘을 받았습니다.

자연계에 존재하는 공유 결합(결합력 100kcal/mol), 이온 결합(5kcal/mol), 수소 결합(3kcal/mol), 반데르발스 결합(0.5kcal/mol), 이 네 가지의 화학 결합 중에서 결합력이 가장 약하다고 하여 무시 받고 괄시 당하는 반데르발스 힘이었지만 티끌도 많이 모으면 태산이 되기 마련이잖아요? 덩치가 몇 밀리미터밖에 되지 않는 개미들도 한데 몰려다니다 보니 지구상에서 가장 강력한 포식자라는 타이틀을 얻어냈고 말입니다.

원자핵의 주변에 존재하는 전자구름은 이리 치우치고 저리 치우치고 매순간 미세하게 움직이고 있습니다. 원자핵을 중심에 둔 구형의 형태가 유지된다면 중성을 띠고 있지만, 전자구름이 한쪽으로 치우쳐 있을 땐 약하게나마 원자 내에서 (+)와 (-)를 갖습니다. 이렇게 전자구름이 치우친 원자들끼리 만나 (+)는 (-)와, (-)는 (+)와 결합하거나, 치우친 전자구름 하나가 마치 도미노처럼 이웃한 원자들의 전자구름에까지 영향을 미쳐 서로 간에 인력을 만들어내는 것이 이 힘(반

게코도마뱀의 섬모

데르발스 힘)의 메커니즘입니다.

이처럼 지극히 인과관계가 명확한 원리야말로 섬모가 벽면에 붙을 수 있다는 가능성을 제시해준 일등공신입니다. 또한, 이 섬모들의 양은 거미 다리털의 양보다 훨씬 방대하기에 주인의 무거운 몸을 거뜬히 지탱할 수 있었고, 이 놀라운 접착력을 접한 이들은 한결같이 혀를 내두르게 된 것입니다.

그런데 사실 이 섬모들의 위력은 그 양도 양이거니와 바닥과 이루는 특정 각도로 인해 더욱더 극대화되었습니다. 끝부분이 살짝 꼬부라진 '반곱슬 털'들은 바닥과 수직으로 만날 때 닿는 면적이 넓어 '쩍' 하고 달라붙지만, 주인이 뒤꿈치를 살짝 드는 순간이 되면 이 면적은 거의 선에 가까울 만큼 줄어들지요. 반데르발스 힘이 제 역할을 수행할 만한 면적 자체가 급격하게 감소한다는 뜻입니다.

몸에서 멀어지면 마음도 멀어진다고 했지요? 절대 떨어지지 않겠다고 다짐한 벽면과 섬모가 포옹을 마치더니 언제 그랬냐는 듯 남남이 되어버립니다. 이전까지 지녔던 애정 따위 새까맣게 잊은 것 같습니다. 그나마 다행인 것은 이들의 만남을 주선해주던 게코도마뱀이 비록 냉혈 동물이긴 해도 마음까지 아주 야박하지는 않다는 사실이었습니다.

"너희들 화난 거 아니지? 내가 일부러 너네 떼어놓으려고 그랬겠냐? 저쪽이 좀 더 따뜻해 보여서 잠시 자리를 옮긴 것뿐이야. 이제 가만히 있을 테니까 화 풀고 너희 다시 만나면 되잖아? 너희들이 꼭 붙어 있어야 나도 마음이 편하다고!"

이 모습을 눈여겨본 과학자들은 여태껏 보지 못했던 접착제를 개발하기 시작했습니다. 점착성을 보이는 고분자 화학물질을 기반으로 한 지저분한 접착제 테이프 대신 표면이 깔끔하여 그 어떠한 부착 흔적도 남기지 않는 '건식 접착테이프'를 만들어내는 데 성공한 거예요. 그들은 이를 위해 자연의 섬모 대신 인공의 탄소나노튜브+를 이용했습니다.++

+ 닥터 스코의 시크릿 노트

탄소나노튜브란 탄소 원자 한 층으로 이루어진 그래핀이라는 물질을 원통형으로 길게 말아놓은 구조야. 속이 텅 빈 튜브 모양이라고 하여 탄소나노튜브라는 이름을 얻었지.

++ 이외의 다른 물질을 이용한 패터닝 연구들도 분명 존재하나 이 글에서는 공간과 시간의 제약상 그 연구들의 근간인 탄소나노튜브의 경우에 대해서만 언급하는 점 양해해주기 바라.

건식 접착테이프의 효과는 실로 놀라웠습니다. 지난 2008년, 4mm^{2}의 부착 면적으로 질량 1.48kg의 책을 고정시킨 것도 모자라 바로 그 다음 해에는 불과 3mm^{2}의 면적만으로 5kg의 무게를 버텨냈다는 놀라운 연구 결과까지 발표되었습니다. 이는 1cm^{2}당 1kg의 무게를 지탱한다고 알려진 게코도마뱀의 능력을 넘어서는 것이었는데요. 5cm×5cm 면적의 손바닥에 적용한다고 가정했을 때, 단순히 계산해보더라도 손바닥 하나당 4200kg의 무게를 붙일 수 있다는 결론에 도달합니다. 양 손바닥과 양 발바닥에 모두 적용한다면 스파이더맨 수트 혹은 슈퍼 빌런 리자드의 피부보다도 월등한 부착 능력을 자랑하는 셈이 됩니다.

10년도 더 지난 지금은 그 효과가 어떠할지 가늠조차 되지 않지만, 유달리 높은 공정 단가를 극복할 수만 있다면 분명 스파이더맨 시리즈 영화를 제작하는 입장에서 한번쯤 시도해볼 만한 장면들을 모조리 책임질 수 있을 것입니다.

더욱이 이러한 건식 접착테이프는 먼지가 붙어도 물로 쓱 헹궈내면 그만이고, '붙였다/뗐다'를 수십 수백 번 반복해서 사용해도 그 접착 능력을 그대로 유지할 수 있다고 하니 정말 대단합니다. 뿐만 아니라 탈착에 쓸데없이 힘을 쓸 필요도 없이 도마뱀이 뒤꿈치를 살짝 들듯 대각선 방향으로 당기기만 하면 되지요.

피터 파커는, 이름 하여 '방향성 접착력(directional adhesion)'이라 일컫는 게코도마뱀의 강력하고도 신비한 능력을 자신의 상징물인 쫄쫄이 수트에 적용해보고 싶었을 겁니다. 당연한 욕심이지요. 마블 제작진은 이를 직접 언급하지 않았지만 스파이더맨 수트의 부착 기능은 아마도 게코도마뱀의 발바닥 형태를 차용한 것이 아니겠는가라는 추측을 해볼 수 있습니다. 상대 빌런을 탄생시킬 때 도마뱀을 캐릭터로서 선정했다는 점이 의심스럽거든요. 재생 능력을 어필하기 위한 동물을 떠올린다면 도마뱀 말고도 절지동물 혹은 환형동물들처럼 다른 후보군들이 많을 테니까요. 마블의 만화 원작 제작진들은 스파이더맨 수트가 갖는 신비감을 감춰두기 위해 단지 도마뱀의 재생 능력만을 들고 나왔는지도 모릅니다.

하지만 이렇게 위대한 스파이더맨의 수트도 전투 도중 찢어져버린다면 아무 짝에도 쓸모없는 거적때기가 될 뿐입니다. 우리의 히어로를 마블의 넘버원 캐릭터로 만들어내기 위해 그동안 소중히 간직해온 따끈따끈한 연구 결과들을 풀어볼까 합니다. 이는 히어로들의 춘추 전국시대가 도래한 지금 이 순간, 도입이 시급한 능력으로서 이미 외계 생명체인 심비오트+가 숙주의 몸을 장악하며 몇 차례 선보인 적 있는 기능입니다.

그것은 바로 수트의 자가 치유 능력(self-healing)입니다. 닥터스트레인지의 타임스톤++ 없이도 찢어진 수트를 다시 원상복구해주는 유일한 마법이기도 합니다.

+ 닥터 스코의 시크릿 노트

육식을 선호하는 슬라임 형태의 외계 생명체로 우주에 약 수백만 마리 가량이 존재한다고 설정되어 있어.

++ 마블 코믹스의 인피니티 젬이 MCU에서는 인피니스 스톤이라는 이름의 6개의 돌들로 다시 태어났어. 이들은 각각 스페이스 스톤(공간을 관장하는 돌), 리얼리티 스톤(현실을 관장하는 돌), 파워 스톤(힘을 관장하는 돌), 마인드 스톤(정신을 관장하는 돌), 소울 스톤(영혼을 관장하는 돌), 타임 스톤(시간을 관장하는 돌)으로 불리지. 그중에서도 타임 스톤은 닥터스트레인지가 애지중지하며 자신의 목에 항상 걸고 다니는 초록색 돌이야.

SCENE 13

마법 기능을 도입하라

영화 막바지에 항상 넝마가 다 된 수트를 입곤 하는 스파이더맨을 안타깝게 여긴 지인들이 어느 날 저에게 도전적인 질문을 던졌습니다.

"수트를 찢어지지 않게 만드는 건 아무리 허무맹랑한 만화를 기반으로 한 영화라도 불가능하겠지?"

한 순간 정적이 흘렀지만 저는 기꺼이 친구의 도전장을 받아들였습니다.

"말도 안 되는 소리! 영화랑 현실을 구분하지 못하는구먼. 완벽한 물질이 세상에 어디 있냐? 그렇게 강하다고 자부하던 캡틴 아메리카의 비브라늄 방패도 타노스의 주먹 공격 몇 번에 무참히 산산조각이 나버린 거, 못 봤어? 만화 원작에서처럼 비브라늄과 아다만티움의 합금으로 만든다 해도 또 이를 부술 수 있는 빌런이 바로 등장할걸? 영화에서도 그런데 현실에서 그런 게 가능하겠냐?"

사실입니다. 우리가 사는 이 세상에는 절대 찢어지지 않는 섬유 같은 것은 존재하지 않습니다. 존재할 수조차 없고, 만에 하나 존재한다 해도 영화 제작자들에게 건네주면 절대 안 됩니다. 왜냐고요?

영화 속의 또 다른 주인공인 빌런들의 입장에서 생각해봅시다. 과연 이 섬유가 그들에게 선물이 될까요? 천만에요! 오히려 독이 될 것입니다. 한두 번이면 찢을 수 있었던 히어로의 수트들이 열 번, 스무 번, 백 번……. 끝도 없이 손을 타야 겨우 찢어질 테니 말입니다. 개런티는 동일한데 몇 십 배로 일해야 한다면 그 누군들 화가 나지 않겠습니까? 게다가 이렇게 되면 조마조마한 마음으로 주인공의 수난을 지켜보던 관객들도 식상해지겠지요. 짜릿함과 흥미진진함이 사라진 히어로 영화라니요!

완벽한 인간이 없듯 영화 또한 완벽해서는 안 되는 법입니다. 관객들은 찢어지지 않는 수트에 결코 매력을 느끼지 않을 거예요. 차라리 너덜너덜 찢어져도 금방 회복된다면 또 모를까! 마치 상처가 아무는 것처럼 말입니다.

그렇다면 히어로들에게 기본적으로 장착된 빠른 치유 능력을 수트에 적용해보면 어떨까요? 아이언맨의 나노 수트가 이미 그러한 능력을 가지고 있다고는 하지만 이것은 금속 원자들로 만들어진 그의 수트에만 해당되는 사항입니다. 고분자 섬유로 이루어진 스파이더맨의 수트와는 사뭇 거리가 먼 이야기죠.

저와 같은 생각을 가진 과학자들은 예로부터 자가 치유라는 뚜렷한 목표를 가지고 그에 합당한 고분자 물질을 개발하기 위해 노력

해왔습니다. 그 결과, 그들의 땀은 결실을 얻기 시작했고, 전 세계 각국에서 눈으로 봐도 믿기 힘든 연구 성과들이 속속 발표되었습니다. 2000년대 초반 그 스타트를 끊은 그룹은 미국 일리노이 대학의 한 연구팀이었습니다.

그들은 마이크로 크기의 공 안에 약재, 즉 다이사이클로펜타디엔(dicyclopentadiene)이라는 이름의 접합물질을 넣고서 이 공들을 한데 모아두었습니다. 외부에서 충격이 가해지는 순간까지 쥐 죽은 듯 숨어 지내던 약재들은 터져 나오는 동시에 찢어진 부위를 붙여나갔는데요. 곧 자연적인 치유가 가능하다는 것을 의미한 것입니다.

그러나 첫 술갈에 배부를 리는 없지요. 그들은 마이크로캡슐이라는 좁아터진 공간 내에 극미량의 약재밖에 투입하지 못했고, 그로 인해 그들이 심혈을 기울여 만들어낸 제품은 몇 번 쓰이지 못하고 폐기 처분될 수밖에 없었습니다.

뼈저린 패배를 맛본 과학자들은 이후 보다 지능이 뛰어난 재료를 만들어내기 위해 수만 바가지의 땀을 더 흘렸고, 16년이 지난 지금 그들은 자신의 몸보다 적게는 12배, 많게는 35배까지 늘어나더라도 찢어지지 않는 고분자 재료를 개발했습니다. 또한 이 재료는 완벽히 찢어지더라도 횟수의 제한 없이 금방 다시 원상복구되었습니다.

여기서 그들이 비결이라며 내세운 요소는 놀랍게도 '바늘과 실'이었습니다. 고분자 물질 내에 바늘과 실을 동시에 묻어놓은 뒤 찢어질 만하면 이들을 채찍질했던 것이지요. 무슨 뜻이냐고요? 물질 내에 손상이 생기면 그 부위에서 분자들 간의 새로운 결합이 일어나는데, 이

⬆ 우리들의 다정한 이웃 스파이더맨

를 바늘과 실이라 표현한 것입니다. "너네 뭐하고 있어? 저쪽 찢어졌잖아. 얼른 가서 꿰매고 와" 이렇게 말입니다.

손상이 발생했을 때 일정한 자극을 주면 떨어진 부분이 저절로 본래의 상태로 돌아가는 고분자 재료들! 과학자들은 여기에 '형상 기억'+과 '손상 감지'++라는 수식어를 붙여주었습니다.

떨어지면 다시 붙고, 찢어지면 다시 이어지는 고분자 재료의 모습은 마치 스파이더맨을 숙주로 맞이한 심비오트의 집요함과 유사했는데요. 골절되었던 부분이 붙고 나면 더욱 단단해지는 우리 몸처럼 고분자의 찢어졌던 영역은 이내 보란 듯이 굳은살로 거듭났습니다. 심비오트의 자가 치유 능력은 스파이더맨이 품어야 할 기능이었고, 심비오트의 좀비 같은 생명력은 그의 몸을 끊임없이 보호해줄 수트가 가져야 할 최고의 덕목이었습니다.

+ 닥터 스코의 시크릿 노트

형상 기억이란 매번 쓰러져도 자신의 원래 자세 그대로 돌아가려고 하는 오뚝이처럼 손상된 부위를 이전의 모습 그대로 되돌려주는 특성을 의미해.

++ 손상 감지는 외부의 다양한 환경(충격)에 의해 손상을 받으면 누가 알려주지 않더라도 스스로 결함을 감지하고 복원되도록 설계된 시스템이야. 아이언맨의 AI수트에서 매번 흘러나오는 멘트(어느 부위가 얼마큼 손상되었으니 재생 기능을 가동하겠음)가 손상 감지 능력을 보여주는 일례이지.

맺음말

어때요, 재미있게 읽으셨나요?

저의 글이 여러분에게 그리고 여러분이 스파이더맨을 보면서 품었을 법한 호기심을 풀어가는 데 조금이나마 도움이 되었으면 좋겠습니다. 사실 이번 원고는 제게도 모험이었습니다. 스파이더맨을 향한 순수한 제 마음이 독자 여러분에게 잘 전해질지 의문이었거든요.

스파이더맨은 스크린에 데뷔한 지 올해로 벌써 19년차인 히어로입니다. 그 세월에 비하면 '스파이더맨의 활약에 얽힌 비밀을 풀어보는 입문서'가 이제야 한국어로 소개된다는 게 조금 늦은 감이 있는 것 같아요.

데뷔 이야기를 조금만 더 해볼까요? 2002년, 스파이더맨이 스크린에 처음 등장했을 때의 모습이 아직도 생생합니다. 저 역시 그때 막 사회로 나왔거든요. 고등학교를 졸업하고 대학에 발을 들였던 시기였으니까요. 솔직히 말씀드리면 그전까지는 저 역시 과학, 특히 화학에 관심이 별로 없었습니다. 이과 학생이긴 했어도 선택 과목을 고를 때조차 화학2는 거들떠보지 않았거든요. 그런데 바로 그때 스파이더맨을 만났습니다.

머리부터 발끝까지 온통 화학으로 중무장한 스파이더맨의 모습은 정말이지 신선한 충격이었습니다. '재미없고 까다롭게만 느껴지는 과학이 영화에서 저렇게 흥미롭게 응용될 수 있구나' 하면서 무릎을 탁 치게 되는 순간이었습니다. 뭔가 찌릿했어요. '피터 찌리릿'처럼 말이에요. 왠지 운명이 바뀌어버릴 것 같은 느낌이 들었다고 할까요?

하지만 그 후 저는 재수의 길로 들어서게 되었습니다. 어쩌면 스파이더맨과 같은 화학 계열을 전공하기 위한 일종의 무의식적인 꿈틀거림이었던 것 같아요. 지금 생각하면 그때의 선택이 정말 잘한 일이었던 것 같습니다. 이 바닥에 발을 들이고 난 뒤 우상이 되어버린 스파이더맨에 대해서 더욱 자세히 파헤칠 수 있었거든요. 그때 다른 선택을 했다면 지금처럼 스파이더맨의 비밀을 캐면서 흥미진진한 과학 자로서의 삶을 즐기지 못했을 겁니다.

저는 앞으로 이런 기회를 자주 만들려고 해요. 무엇보다 스파이더맨 주위를 맴도는 인물 수색을 하고 싶습니다. 화학 관련 빌런들을 캐보고 싶은 거죠. 그들에게서도 분명 배울 부분이 있을 테니 말입니다. 원고가 마무리되어 가는 마당인데 또 다시 새로운 의지가 불타오릅니다. 저는 아무래도 편히 쉴 팔자가 아닌가 봅니다.

이 글을 읽고 여러분이 스파이더맨이 보여주는 '화학'에 한걸음

더 가까워졌으면 좋겠습니다. 논문을 읽어 보면 마지막에 대개 비슷한 형식의 '감사 인사'를 넣는데요. 여기서 저도 그 형식을 차용해보겠습니다.

연구 의욕에 불을 지펴준 스파이더맨에게 진심으로 고맙다는 말을 전하며,

엑셀시오르!

BONUS

완소 쿠키 자료

닥터 스코의
실험실

강물을 건너라

날씨도 좋고 기분도 좋은 어느 날, 스파이더맨은 여자 친구와 멋진 데이트 꿈꾸며 집을 나섰습니다. 강가를 거닐며 함께 시간을 보낼 생각에 가슴이 두근거렸습니다. 약속 장소로 급히 내달렸지요.

드디어 도착한 강변. 이런, 맙소사. 여자 친구가 벌써 도착해 기다리고 있군요. 강 건너에 우두커니 서 있던 그녀가 시원한 바람에 본인의 어여쁜 목소리를 실어 보냅니다.

"왜 이렇게 늦었어, 지금이 몇 신데! 당장 안 건너와?"

예상치 못한 반응에 당황한 스파이더맨은 황급히 주변을 두리번거립니다. 하지만 그의 눈에 들어오는 건 푸른 강물뿐입니다. 살포시 즈려밟고 넘어설 돌다리 하나 없어요. 거미줄을 내걸 나뭇가지조차 보이지 않습니다. 스파이더맨에게는 다른 선택의 여지가 없는 것 같아요. 물 위를 걸어가는 방법이 그나마 유일해 보입니다.

자! 우리 힘을 모아 스파이더맨이 물 위를 걸어갈 수 있도록 도와 줍시다. 엑셀시오르!

함께 실험해보자~!!

준비물

물(생수), 전분, 종이컵, 볼이 넓은 그릇(반죽용)

실험방법

① 물 한 컵, 전분 두 컵을 그릇에 부어줍니다.

② 용액(반죽)이 찰랑거릴 때까지 고르게 섞어줍니다.(천천히)

③ 주먹을 불끈 쥐고, 천천히 용액 속에 수차례 담갔다가 뺍니다.

④ 심호흡을 하고 마음을 진정시킵니다.

⑤ 주먹을 또다시 불끈 쥐고, 이번에는 용액을 힘껏, 수차례 빠르게 내리칩니다.

⑥ 위의 과정 3번과 5번의 차이를 비교합니다.

닥터스코의 한마디

"안 되면 되게 하라"는 교훈의 과학 버전입니다. 장애물을 만나면 피해서 가고 돌아가기 일쑤였던 우리 자신을 되돌아보는 계기가 될 것으로 기대합니다. 때로는 정면 돌파가 가장 효율적인 방법이 되기도 한답니다.

거미줄을 뽑아내라

히어로의 일과를 끝마치고 집에 돌아온 스파이더맨. 피곤에 지친 몸은 녹초가 되었고, 눈꺼풀의 무게는 더 이상 감당할 수 없는 지경입니다. 하지만 내일 당장 무슨 일을 맞이하게 될지, 어떤 빌런과 마주칠지 모른다는 불안감 때문에 마음 편히 쉴 수도 없습니다.

부지런한 우리의 영웅은 내일 사용할 웹플루이드를 제작하기 위해 책상에 앉습니다. 어떤 재료를 어떤 비율로 섞어야 될지 제조 과정의 시작 단계에서부터 고민에 빠진 스파이더맨.

급기야 유튜브 검색창에 '나일론 합성 실험'을 검색하네요. 본인의 웹플루이드에 차용해볼 계획인가 봐요.

"오호라. 이거 괜찮은데? 나도 이런 식으로 해볼까?"

스파이더맨이 참고 자료로 활용할 수 있는 실험. 우리도 직접 해봅시다. 스파이더맨의 입장에 서서 여러분이 직접 판단을 내려보는 거예요. 어느 부분이 도움이 되고, 또 어느 상황에서 도움이 될지 말입니다.

자, 그럼 함께 살펴볼까요? 엑셀시오르!

함께 실험해보자~!!

준비물

헥사메틸렌다이아민 용액, 염화아디프산 용액, 끝이 뾰족한 막대(빨대)

실험방법 1

(고생을 사서하는 친구들을 위한 실험법)

① 헥사메틸렌다이아민과 염화아디프산을 어렵게 구입합니다.

② 헥사메틸렌다이아민을 물에 녹입니다. 이때, 농도는 여러 번의 시행착오를 거쳐 실험이 잘 되는 조건을 찾습니다.

③ 염화아디프산은 물 이외의 다른 유기용매에 녹입니다. 이때, 유기용매와 농도는 본인이 알아서 찾습니다.

④ 두 용액을 서서히 혼합합니다.

⑤ 두 용액 층의 경계면에서 하얀 덩어리가 생성되는 걸 확인합니다.

⑥ 끝부분을 뾰족하게 잘라낸 빨대를 용액 경계면까지 담가 넣습니다.

⑦ 빨대를 서서히 들어 올립니다.

⑧ 빨대에 붙어 올라오는 고체 물질(나일론)을 건조시킵니다.

실험방법 2

(귀차니즘으로 무장된 친구들을 위한 실험법)

① 시중에 파는 '나일론 합성 실험 키트'를 구입합니다.

② 위 과정의 1~3번은 뛰어넘고 4번부터는 동일하게 진행합니다.

닥터스코의 한마디

"라떼는 말이야(Latte is horse)"는 어른들이 참 좋아하는 표현입니다. 저 또한 이번 실험을 떠올리면서 입가에 맴돌더군요.

"라떼는 말이야. 이렇게 편하게 실험 안 했어. 재료를 한 데 모아놓고 세트로 팔 줄이야. 참 세상 좋아졌네."

아메리카노가 아닌 라떼를 찾게 되다니. 저도 나이가 들어가나 봅니다.

#정전기 편 #기다림의 세월(117쪽)

거미줄 사용법을 숙지하라

오랜만에 찾아온 휴일. 스파이더맨은 영웅으로서의 모든 짐을 내려 놓고 한껏 여유를 즐기고 있습니다. 비 내리는 우중충한 날씨만 빼면 금상첨화일 텐데 말이에요. 침대에 편안히 누워 유튜브 삼매경에 빠져 있는 스파이더맨. 닥터스코의 〈캡틴사이언스〉라는 채널에 푹 빠져 과학 공부 하느라 시간 가는 줄도 모릅니다.

하지만 우리 히어로 스파이더맨은 준비성이 철저한 인물입니다. 빌런들이 언제 들이닥칠지 모르는 위급상황에 대비해 집안 곳곳에 거미줄을 쳐놓는 치밀함도 잊지 않았습니다.

쨍그랑!

휴일도 없이 열심히 일하는 빌런 몇 명이 스파이더맨의 방 안 창문을 깨고 쳐들어왔습니다. 얼굴 표정 곳곳에 여유가 묻어나는 스파이더맨은 애써 찾아온 손님들에게 차가운 멘트를 날립니다.

“역시. 오늘은 안 괴롭히나 했다. 마음껏 날뛰어봐라. 이럴 줄 알고 거미줄 덫을 쳐놨으니까.”

따뜻한 차를 내오지는 못할망정 본인들을 거들떠보지도 않은 채 다시금 스마트폰으로 시선을 돌리는 스파이더맨. 빌런들은 한 걸음 두 걸음 조심스럽게 발을 옮겨 집주인에게 다가갑니다.

맙소사. 타노스가 스파이더맨이 쳐놓은 거미줄 덫에 걸리고 말았네요. 이걸로 빌런으로서의 오늘 업무는 끝이 난 걸까요? 천만에. 타노스는 거미줄 덫에서 쉽게, 너무도 쉽게 빠져나올 수 있었습니다.

당황한 스파이더맨은 급히 거미줄을 수차례 발사해보았지만 결과는 마찬가지입니다. 빌런에게 집 안 물건들을 모조리 빼앗긴 우리의 불쌍한 스파이더맨. 눈 뜨고 코 베이는 경험을 하게 된 그가 놓친 과학 포인트는 무엇일까요? 힌트는 날씨에 있습니다.

자! 우리 모두 스파이더맨의 실수를 바로잡아줍시다. 엑셀시오르!

함께 실험해보자~!!

준비물

물기가 남아 있는 촉촉한 빨래, 바싹 건조된 빨래, 풍선

실험방법

① 이제 막 세탁기에서 나온 빨래를 준비합니다.

② 뜨거운 건조기에서 나온 빨래를 준비합니다.

③ 풍선에 빵빵하게 바람을 불어넣어줍니다.

④ 풍선으로 각각의 빨래를 여러 번 문질러줍니다.

⑤ 날아다니는 벌레(파리, 모기, 나방 등)들 가까이 빨래를 가져다댑니다.

⑥ 어느 빨래에 벌레가 붙었는지 관찰합니다.

닥터스코의 한마디

혹시 여러분은 먹이를 잡는 강자의 입장이 아닌, 잡아먹히는 약자의 입장에서 어떻게 하면 자유로울 수 있을지 고민해본 적 있나요? 이번 실험은 거미줄에 걸리기를 밥 먹듯이 하는 힘없는 여러 날벌레들에게 크나큰 도움이 될 것입니다.

"날갯짓을 줄이는 자, 거미줄에 붙지 않을지어다."

"습한 곳을 즐기는 자, 거미줄과 싸워 이길지어다."

#반투과필름 편 #어느 수집광 소년의 양심(157쪽)

속마음을 감추는 비법

여러 위기들을 매번 극적으로 넘겨오며 소중한 이들과 가슴 아픈 이별을 했던 우리의 스파이더맨. 어느 때인가부터 스파이더맨은 마음의 문을 꼭 닫아버리고 말았습니다.

"마음을 주면 뭐 하나? 어차피 헤어지면 내 마음만 상하게 되는데. 눈빛 교환은 나에게 사치일 뿐이야."

스파이더맨은 수트의 눈 부위에 반투과성 필름을 붙여 외부인이 본인의 눈빛을 바라보지 못하도록 했습니다. 그가 선택한 반투과성 필름의 성능이 어떤지 직접 체험해봅시다. 스파이더맨의 목적을 달성하려면 어떤 조건이 필요한지 고민해보는 것이지요.

또 한편으로는 이와 반대로 스파이더맨과 눈빛교환에 성공하기 위해서 해야 할 일은 무엇인지 알아보는 것입니다. 자, 그럼 우리 모두 스파이더맨과 눈을 마주치는 그날까지. 엑셀시오르!

함께 실험해보자~!!

준비물

반투과성 필름(매직미러 필름), 알루미늄 반사 필름, 휴대용 조명, 작은 인형

실험방법

① 반투과성 필름과 알루미늄 반사 필름을 각각 잘라 커다란 원통형으로 둥글게 말아줍니다.

② 원통형 내부에 작은 인형과 휴대용 조명을 세워두고 뚜껑(두꺼운 판)을 덮습니다.

③ 조명의 전원 스위치를 ON에 놓고 내부의 인형을 관찰합니다.

④ 조명의 전원 스위치를 OFF에 놓고 원통 겉면에 비치는 본인의 얼굴을 감상합니다.

⑤ 방의 밝기(낮과 밤, 형광등 ON/OFF)를 조절해가면서 실험을 반복합니다.

닥터스코의 한마디

길가에 세워진 자동차가 주차 중인지, 잠시 정차 중인지 아는 방법이 있는데 혹시 들어보셨나요? 자동차의 썬팅이 된 창문 앞에서 여러분의 옷매무새를 정돈해보는 것만으로도 주/정차 여부를 단번에 알 수 있습니다. 창문이 내려가면 정차 중, 그렇지 않으면 주차 중이죠. 혹은 내부에서 웃음소리가 새어 나오면 정차 중, 그렇지 않으면 주차 중입니다. 이번 실험은 제가 겪었던 몇 번의 낯부끄러웠던 경험에서 비롯된 것입니다. 저는 벌게진 얼굴로 돌아서며 매번 상황의 역전을 꿈꾸곤 합니다.
'밤에 한번 걸려봐. 그때는 창밖의 내가 차 안의 너를 위해 웃어주겠어.'

스파이더맨
연대기

스파이더맨에게 보내는 편지

한글 표기는 '스파이더맨', 영문 표기는 중간에 하이픈(-)을 '꼭' 넣은 'Spider-Man'. DC코믹스 슈퍼맨(Superman)과의 차별성을 위해 스탠 리가 지어준 이름으로 본명은 피터 벤자민 파커(Peter Benzamin Parker).

먼저 내 소개부터 해야겠지? 당신의 수억이 넘는 팬 중 한 명인 나는 대한민국에서 둘째가라면 서러워 할 괴짜 과학자 중 한 사람이야. 나의 괴짜력을 청소년들에게 전파하기 위해 오늘도 고군분투하고 있지.

최근에 당신이 2년간의 짧은 MCU(Marvel Cinematic Universe) 편입 기간을 정리한 뒤 다시 소니 픽처스(Sony Pictures)의 품으로 돌아간다는 뉴스를 듣고 솔직히 날벼락을 맞은 기분이었어. 하지만 뭐 대수롭게 여기진 않았지. 내가 좋아하는 건 당신의 소속이 아니거든.

물론 당신의 입장에서는 고향인 마블을 인수한 디즈니에서 지내는 게 마음은 편했을 테지. 뭐 어쩌겠어. 나야 수많은 팬들 중 하나요, 당신도 히어로라는 타이틀만 떼면 단지 영화사에 잠시나마 고용돼서 일하는 프리랜서에 불과하잖아.

사실 따지고 보면 이런 상황은 당신이 〈스파이더맨: 파 프롬 홈(2019)〉으로 11억 달러라는 대박 수익을 냈을 때 이미 예견된 거 같아. 어벤져스 완전체 만든답시고 수익의 전부(정확히는 95%)를 소니에게 넘겨주기로 했던 디즈니가 당연히 욕심을 낼 만하지. 하긴 〈스파이더맨: 뉴 유니버스(2018)〉라는 애니메이션을 혼자 힘으로 성공시킨 소니 픽처스에게 50대 50이라는 황당한 수익 분배를 요구한 디즈니나 기존 계약에 어긋난다며 앞으로도 쭉 혼자 해보겠다는 소니 픽쳐스나 '도긴개긴'이지만 말이야.

차라리 이전 작품인 〈스파이더맨: 홈커밍(2017)〉처럼 9억 달러 조금 밑도는 정도로 끝낼걸 그랬어. 물론 이 모든 게 영화를 재미있게 만든 탓이니 자업자득이라고 보아야겠지? 어떤 기사를 보니 마블 대표인 케빈 파이기(Kevin Feige) 사장조차 '언젠가는 이리 될 줄 알았다'고 했던데…….

하지만 그는 미래를 예측하지 못했던 것 같아. 그로부터 한 달 뒤인 9월 27일, 극적으로 협상이 타결되었다는 기사가 또다시 매스컴을 뜨겁게 달궜잖아? 디즈니가 요구했던 50% 수익의 정확히 절반인 25%를 따내는 데 그쳤지만, 당신을 포함한 MCU의 배우들 그리고 당신의 수억 팬들은 케빈 파이기를 수장으로 하는 제작진이 다시금 뭉치게 되었다는 사실에 크게 안도했던 것도 사실이야. 나 역시 양쪽 경영진들 덕분에 한 달 동안 원고를 두 번이나 갈아엎는 쓰라린 경험을 했지만, 당신이 앞으로도 다른 팀원들과 쭉 함께하겠다는 기대감에 몸서리치게 기뻤거든.

하지만 이번 일을 계기로 새삼스럽지만 또 한 번 느꼈던 게 있어. 역시 당신은 예나 지금이나 최고의 몸값을 지닌 슈퍼 히어로라는 사실이었지. 영화계의 두 공룡들이 서로 데려가지 못해 안달하는 지금의 이 상황. 이는 2016년 미국의 한 경매 행사에 나타난 당신의 데뷔작 〈어메이징 판타지Amazing Fantasy〉 #15가 웬만한 아파트 한 채 값(헤리티지 옥션 예상가: 최소 4.8억)을 호가하리라는 뉴스 기사를 접했을 때부터 어느 정도 예측 가능하긴 했어.

MCU에 합류하게 된 시점은 비록 다른 히어로들보다 조금 늦었지만, 그게 대수겠어? 마블 코믹스 원작에서는 히어로 계의 시조새 격인 캡틴 아메리카(1941년 3월 데뷔)를 제외하면 스파이더맨(1962년 8월 데뷔, 〈Amazing Fantasy #15〉) 당신과 앤트맨(1962년 1월 데뷔), 헐크(1962년 5월 데뷔) 그리고 토르(1962년 8월 데뷔)가 제일 큰 형들이잖아. 우주 최강이라고 하는 타노스(1973년 2월 데뷔)조차 당신보다 11년이나 데뷔가 늦다니 말 다했지 뭐.

나를 비롯한 세상 사람들이 '스파이더맨이 마블의 큰 형님'이라는 사실을 이미 잘 알고 있으니, 위의 어마어마한 경매 가격에는 든든한 형님 프리미엄도 분명 붙었을 거야. 당신이 늘 이야기하는 "강한 힘에는 큰 책임감이 따른다"라는 명언이 이 경우에도 적용될 줄이야. 당신이 지금껏 해온 게 있으니까 사람들이 인정해주는 것이고, 그건 또 당신으로 하여금 제 몸에 채찍질을 가하게 하는 원동력이 되는 거 아니겠어?

그런데 최근의 작품들을 보니 뭐랄까. 형님답지 않게 다른 히어로들의 텃세에 조금은 주눅이 들어 보여서 안타까워. 미성년자라는 극중의 나이가 어느 정도는 당신의 액션에 영향을 미치는 것 같이 보이기도 해.

사실 고등학생이라는 신분은 단지 스탠 리(Stan Lee, 1922~2018)가 그렇게 세팅해놓은 것뿐이지 당신이 원해서 얻게 된 건 아니잖아. 그리고 MCU 영화에서 아직 다루지 않아서 그렇지, 만화 원작에서는 당신의 대학생활은 물론 이후 취업과 사회생활까지 넘나들잖아. 심지어 미래 스파이더맨 버전인 '스파이더맨 2099'까지 이야기하는 실정인데 말이야.

만화 원작에서 사회생활을 하던 때를 생각해 봐. 나이보다 중요한 게 바로 데뷔 순서라고들 하지. 선배, 후배라는 표현이 괜히 나왔겠어? 그토록 존경해 마지않는 멘토인 아이언맨(1963년 3월 생)도 캐릭터상으로는 나이 많은 아저씨로 나오지만 당신보다 데뷔가 7개월이나 느리니 엄연히 후배지. 암 그렇고말고. 그러니까 어깨 쫙 펴고 당당하길 바라.

솔직히 말해서, 소니와 디즈니가 서로 눈독 들이고 있는 지금이야말로 당신이 돋보이기에 좋은 건 사실이야. 어벤져스 멤버들 죄다 흩어져버리고 최고 몸값을 자랑하던 아이언맨도 사라져버렸을 뿐만 아니라 〈어벤져스: 인피니티 워(2018)〉 한 편으로 일약 스타덤에 오른 타노스도 바로 다음 편인 〈어벤져스: 엔드게임(2019)〉에서 순간 삭제되었잖아.

하지만 맘 편히 있을 수만은 없는 게 현실이지. 소니 픽처스에서 마음만 먹는다면 MCU의 어벤져스에 버금가는 팀들을 만들어낼 수 있으니까 말이야. 만화 원작에는 이미 당신이 소속된 여러 팀들이 존재하잖아. FF(팀원: 미스터 판타스틱, 스파이더맨, 인비저블 우먼, 씽)와 뉴 어벤져스(캡틴 아메리카, 아이언맨, 루크 케이지, 스파이더우먼, 스파이더맨), 뉴 판타스틱 포(스파이더맨, 헐크, 울버린, 고스트라이더)을 비롯한 여러 개의 단발성 팀들까지. 이 중에서 1~2개쯤 만들어내는 건 문제도 아닐 거야.

어디 그뿐이야? 조금만 있으면 MCU에서도 페이즈4(phase 4)로 분류되는 새로운 세력들이 줄줄이 몰려온다지? 그 멤버 중에 대한민국 마동석이란 배우도 끼어 있으니까 긴장 좀 해야 될 거야. 인기가 아주 장난이 아니거든.

당신도 잘 알잖아. 대한민국의 마블 사랑이 어마어마하다는 거. 아이언맨이 괜히 머나먼 대한민국까지 오곤 했겠어? 아 참, 당신도 이미 2017년 7월에 〈스파이더맨: 홈커밍(2017)〉 개봉을 앞두고 찾아온 적 있으니 어느 정도 사정을 이해할 거야.

또 있지. 소니에서도 8억 달러 수익이 났던 〈베놈(2018)〉을 시작으로 2019년 11월에 촬영에 들어가는 〈베놈2〉, 거기에 또 다른 거미 인간 〈실크〉까지 등장시킨다고 하니, 이건 뭐 줄줄이 비엔나소시지 격이네. 바야흐로 '슈퍼히어로 전성시대'인 셈이지.

내가 이렇게 글을 쓰는 이유도 실은 이것 때문이야. 마이 베스트 히어로, 스파이더맨이 히어로들의 세계에서 No.1 자리에 앉는 걸 꼭 보고 싶었거든. 다섯 살짜리 내 아들 역시 애니메이션 〈스파이더맨: 뉴 유니버스(2018)〉를 네 번이나 찾아볼 만큼 당신의 열렬한 팬이라는 점, 추가로 기억해줬으면 해.

매번 느끼는 거지만, 아무리 생각해봐도 당신에게는 사람의 마음을 끌어당기는 마력이 있는 것 같아. 죽어라 말 안 듣는 다섯 살짜리의 마음도 훔쳐가는 걸 보고 확신이 생겼어. 내가 팬으로서 조금이나마 도움이 될 때가 드디어 찾아왔다고.

사실 당신의 능력에 대해서 그동안 많은 생각을 했어. 화학공학을 전공한 박사 학위자의 관점에서 유심히 지켜봤지. 아무래도 당신의 능력 대부분이 내 백그라운드와 밀접한 연관성이 있다 보니 저절로 관심이 가더군. 그런 측면에서 당신의 능력을 조금은 업그레이드시켜줄 수 있는 방법들을 소개해볼까 해. 소니에 넘어가더라도 꼭 명심했으면 좋겠어. 물론 당신은 이미 여러 화학 이론에 익숙한 미드타운 과학고등학교(Midtown School of Science and Technology)의 우등생이니까 내 도움 따위 필요 없을지도 모르겠어.

그런데 누구에게나 약점은 있잖아. 가만 보니 당신은 최신 트렌드에 좀 약한 것 같아. 하긴 1960년대 데뷔한 히어로가 50년도 더 지난 지금까지 활발하게 논문을 읽고 공부한다는 건 상상하기 어렵지. 게다가 최신 트렌드 따라갈 시간도 없을 거야. 〈스파이더맨: 홈커밍(2017)〉에서 워싱턴 학력경시대회조차 바빠서 참석하지 못했잖아. 고

달픈 영웅의 삶이라니!

비록 내가 이 바닥에서의 경력이 당신보다 40여 년 적고, 능력치는 기계 및 전자 쪽에 천재성을 보이는 토니 스타크와 생명공학 쪽에서 탑클래스의 반열에 올라와 있다는 브루스 배너와는 비교조차 안 되지만 나에게는 당신들이 갖고 있지 못한 따끈따끈한 최신 화학 소식들이 있다, 이 말씀! 토니 스타크가 새 수트 줬다고 해서 최강이라고 자만하다가는 큰코다칠지도 몰라. “공부하지 않는 자 미래가 없다”는 말도 있잖아. 물론 마이 베스트 히어로라면 절대 그러지 않겠지만 말이야.

이참에 내가 당신의 지적 능력을 일깨워줄 테니, 나에게 기회를 한 번 줘보지 않겠어? 속는 셈치고 믿어 봐. 설령 읽어봤더니 이미 다 알고 있는 내용이라거나 관심 없는 내용들이라고 하더라도 다른 쪽으로 응용이 가능할는지도 모르니까!

화학 계통의 박사 학위를 받고 다국적 대기업인 ‘파커 인더스트리(Parker Industries)’를 세워 토니 스타크처럼 과학자이자 CEO의 자리에 앉는 걸 모르는 바 아니지만 이는 향후 제작될 소니 픽처스의 영화들이 철저히 만화 원작 〈*Amazing Spider-man*〉의 세계관을 따를 때만 가능한 시나리오인 데다가 앞으로 한참 뒤에나 벌어질 일이잖아. 당신이 영화에 등장할 수 있는 기간을 고려해볼 때 한동안 고딩과 대딩의 신분을 벗어나지 않을 듯 하기에 끼적여보는 것들이니 너그러이 받아줬으면 좋겠어. 남은 기간만큼은 최고의 모습으로 남아주길 바라는 마음이랄까?

아 참! 그리고 노파심에서 하는 말인데 이번에 적은 글들은 지금까지 나온 영화만 토대로 이야기한 거야. 그러니 만화 원작에서의 삶을 다루지 않았다고 섭섭해하지 말았으면 좋겠군.

새로운 영화에서 당신을 다시 만나게 되기를 바라면서,

엑셀시오르!

소유권을 둘러싼 분쟁의 역사

마블이 캐논 필름에게 판권을 넘긴 1980년대의 일대 사건을 기점으로 십여 년에 걸쳐 스파이더맨 캐릭터의 소유권을 두고 수많은 법정 다툼이 벌어졌습니다. 최종 승자는 소니로 결정되었죠. 소니가 스파이더맨 캐릭터의 영구소유권을 획득하게 된 것입니다. 이후, 샘 레이미 감독의 지휘 아래 세 편의 스파이더맨 시리즈〈스파이더맨 1, 2, 3〉이 탄생되면서 소유권 분쟁은 끝이 난 듯했습니다.

한편 〈아이언맨1〉의 성공에 힘입은 마블은 점점 MCU라는 세계관을 구축해가고 있었고, 그들은 어느새 어벤져스라는 목적지를 향해 모든 초점을 모으는 대업을 성사시키고 맙니다. 딱 하나 걸리는 게 있다면 바로 스파이더맨의 부재였죠. 디즈니 마블은 울며 겨자 먹는 심정으로 소니와의 재협상에 들어갑니다. 스파이더맨을 임대할 목적으로 말이에요.

드디어 소니를 상대로 벌인 디즈니 마블의 노력은 결실을 맞이했고, 단 여섯 편의 영화에서만 스파이더맨을 빌리는 것에 만족하기로 합니다. 〈캡틴 아메리카: 시빌 워(2016)〉, 〈스파이더맨: 홈커밍(2017)〉, 〈어벤져스: 인피니티 워(2018)〉, 〈어벤져스: 엔드게임(2019)〉, 〈스파이더맨: 파 프롬 홈(2019)〉 그리고 마지막 남은 〈스파이더맨: XXX(2021)〉까지.

코로나 사태로 인해 개봉 일정이 연기된 지금, 디즈니 마블은 스파이더맨을 다시 소니의 품으로 되돌려 보내기 전 딱 한 편의 영화만을 남겨두고 있습니다. 물론 앞으로 벌어질 소니와 디즈니 간의 협상이 또 다른 국면을 맞이한다면 전혀 예상치 못한 방향으로 흘러갈 수도 있겠지만, 우리는 닥터스트레인지처럼 미래의 일을 모조리 확인할 수 없으니 조용히 그들의 대화에 귀 기울일 수밖에 없겠네요.

스파이더맨 개봉의 역사

스파이더맨(Spider-Man)

⑴ 개봉일: 2002년 5월 3일

⑵ 감독: 샘 레이미

⑶ 주요 등장인물: 피터 파커(스파이더맨), 노먼 오스본(오스코프사의 대표이자 그린고블린), 해리 오스본(노먼 오스본의 아들이자 피터 파커의 친구), 메리 제인(피터 파커의 짝사랑)

⑷ 줄거리: 유전자가 조작된 거미에게 목덜미를 물린 피터 파커는 거미의 능력(거미줄 자체 생산 능력 포함)을 얻게 됩니다. 그린 고블린을 빌런으로 맞이하여 승리를 거두지만, 이는 해리 오스본을 새로운 적으로 만드는 계기가 됩니다.

⑸ 관전 포인트: 스파이더맨의 다양한 능력, 수트의 부위별 특징

● **스파이더맨 2(Spider-Man 2)**

(1) 개봉일: 2004년 6월 30일

(2) 감독: 샘 레이미

(3) 주요 등장인물: 피터 파커(스파이더맨), 해리 오스본(오스코프 사의 대표이자 새로운 그린 고블린), 메리 제인(피터 파커의 연인), 오토 옥타비우스(닥터 옥토퍼스)

(4) 줄거리: 피터 파커가 아버지를 죽인 원수라고 오해한 해리 오스본은 핵융합 연구 도중 우연히 힘을 얻게 된 닥터 옥토퍼스를 꼬드겨 스파이더맨을 제거하도록 사주합니다. 영화 내내 닥터 옥토퍼스와 스파이더맨 간의 격전이 그려집니다.

(5) 관전 포인트: 혀를 내두를 만한 탄성력과 인장강도를 지닌 스파이더맨 생체 거미줄

● **스파이더맨 3(Spider-Man 3)**

(1) 개봉일: 2007년 5월 1일

(2) 감독: 샘 레이미

(3) 주요 등장인물: 피터 파커(스파이더맨), 해리 오스본(새로운 그린 고블린), 메리 제인(피터 파커의 연인), 플린트 마코(샌드맨), 에디 브록(베놈)

(4) 줄거리: 스파이더맨은 이 영화에서 세 명의 빌런을 동시에 상대해야만 하는 최악의 상황을 맞이합니다. 한때는 친구였던 해리 오스본(그린 고블린), 삼촌의 살해범 플린트 마코(샌드맨), 데일리

뷰글 신문사의 에디 브록(베놈)이 스파이더맨의 상대 빌런입니다. 빌런의 숫자가 워낙 많다 보니 영화의 내용 전개가 크게 둘로 나뉘어 진행된다는 점에서 다소 혼란스럽다는 평을 받았던 불운의 작품입니다.

(5) 관전 포인트: 스파이더맨이 샌드맨을 제압하는 다양한 방법들, 외계생명체 심비오트의 특징

- **어메이징 스파이더맨(Amazing Spider-Man)**

(1) 개봉일: 2012년 6월 28일

(2) 감독: 마크 웹

(3) 주요 등장인물: 피터 파커(스파이더맨), 그웬 스테이시(피터 파커의 연인), 커트 코너스(리자드)

(4) 줄거리: 그웬 스테이시가 인턴, 커트 코너스 박사가 연구원으로 있는 오스코프 사의 실험실에 방문했다가 슈퍼 거미에게 물린 피터 파커. 이후 스파이더맨 1,2,3 시리즈와 마찬가지로 거미의 능력을 얻게 됩니다. 도마뱀의 신체 재생 능력을 갖기 원하던 커트 코너스 박사를 리자드라는 이름의 빌런으로 맞아 혈투를 벌입니다.

(5) 관전 포인트: 새로운 피터 파커의 멋진 외모, 웹슈터와 인공거미줄의 첫 등장, 리자드의 벽 타기 능력, 메리 제인 대신 등장한 그웬 스테이시(스파이더맨3에서 흑화된 스파이더맨의 선택을 받았던 금발의 미녀), 인공거미줄의 다양한 활용처

● **어메이징 스파이더맨 2(Amazing Spider-Man 2)**

(1) 개봉일: 2014년 4월 23일

(2) 감독: 마크 웹

(3) 주요 등장인물: 피터 파커(스파이더맨), 그웬 스테이시(피터 파커의 연인), 해리 오스본(그린고블린), 맥스 딜런(일렉트로)

(4) 줄거리: 오스코프 사의 전기 수리공 맥스 딜런은 작업 도중 치명적인 사고를 당해 전기를 쓰는 빌런인 일렉트로로 다시 태어납니다. 그는 스파이더맨에 대한 증오심을 키워가던 해리 오스본과 손을 잡고 스파이더맨을 공격하게 됩니다.

(5) 관전 포인트: 일렉트로의 강력한 힘, 시니스터 식스(빌런계의 어벤져스)의 등장을 암시하는 빌런 조합

● **스파이더맨: 홈커밍**

(1) 개봉일: 2017년 7월 5일

(2) 감독: 존 왓츠

(3) 주요 등장인물: 피터 파커(스파이더맨), 아드리안 툼즈(벌처), 토니 스타크(아이언맨)

(4) 줄거리: 〈캡틴 아메리카: 시빌 워〉에서 아이언맨의 팀에 소속되어 제 역할을 톡톡히 해낸 스파이더맨은 이른 바 '영웅병'에 걸립니다. 영웅심에 불타 벌처와의 일전을 벌이다가 큰 위험에 빠지게 되고, 아이언맨의 도움으로 위기에서 벗어납니다. 이후 마음을 고쳐먹고 진정한 히어로가 되기 위한 여정을 시작합니다.

(5) 관전 포인트: 간혹 등장하는 MCU의 익숙한 얼굴들(스파이더맨의 MCU 입성으로 인해 어벤져스 동료들과의 연대가 가능해짐), 이전 시리즈보다 최첨단으로 업그레이드된 수트.

스파이더맨: 뉴 유니버스

(1) 개봉일: 2018년 12월 12일

(2) 감독: 밥 퍼시케티, 피터 램지, 로드니 로스맨

(3) 주요 등장인물: 마일스 모랄레스(2대 스파이더맨), 피터 파커(1대 스파이더맨), 그웬 스테이시(스파이더우먼)

(4) 줄거리: 마일스 모랄레스는 2대 스파이더맨으로서 평행 세계의 여러 스파이더맨들과 힘을 합쳐 시공간을 변화시키려는 킹핀과 결전을 벌입니다.

(5) 관전 포인트: 비슷하면서도 다른 능력들을 보이는 여러 스파이더맨, 화려한 영상미와 다채로운 색감

스파이더맨: 파 프롬 홈

(1) 개봉일: 2019년 7월 2일

(2) 감독: 존 왓츠

(3) 주요 등장인물: 피터 파커(스파이더맨), 미쉘 존스(피터 파커의 연인), 퀜틴 벡(미스테리오)

(4) 줄거리: 〈어벤져스: 엔드게임〉 이후의 세상 이야기로 진행됩니다. 베니스로 여행을 떠난 피터 파커(스파이더맨)는 미스테리오

의 꼬임에 빠져 매 전투마다 환영 속에서 헤매게 됩니다. 토니 스타크가 유산으로 남긴 이디스까지 미스테리오에게 건네주는 실수를 범하지요.

(5) 관전 포인트: 미스테리오가 보여주는 환영 속 등장인물들(엘리멘탈)

참고문헌

1. 〈전기방사를 이용한 나노섬유 재료 및 응용〉 세라미스트, 제13권 3호 (2010)
2. 〈*Drectional water collection on wetted spider silk*〉 Nature, 463, p640-643 (2010)
3. 〈*Conformation and dynamics of soluble repetitive domain elucidates the initial beta-sheet formation of spider silk*〉 Nature Communications, 9, 2121 (2018)
4. 〈*Carbonization of a stable beta-sheet-rich silk protein into a pseudographitic pyroprotein*〉 Nature Communications, 6, 7145 (2015)
5. 〈고내열성 아라미드 섬유〉 Fiber technology and industry, 11, 4 (2007)
6. 〈테드, 미래를 보는 눈〉
7. 〈역사를 바꾼 17가지 화학 이야기〉 사이언스북스

8. 〈고강력성 유기 고분자〉 Polymer(Korea), 9, 2 (1985)
9. 〈리빙라디칼 중합〉 Polymer science and technology, 11, 2 (2000)
10. 〈*Solvent effects on free radical polymerization reactions: The influence of the water on the propagation rate of acrylamide and methacrylamide*〉 Macromolecules, 43, 2, p827-836 (2010)
11. 〈*Influence of solvent on free radical polymerization of vinyl compounds*〉 Advances in polymer science 38(Polymerization processes), p55-87
12. 〈*Zeolite-based hemostat QuikClot releases calcium into blood and promotes blood coagulation in vitro*〉 Acta Pharmacol Sin. 34, 3, p367-372 (2013)
13. 〈*An Evidence-Based Review of the Use of a Combat Gauze (QuikClot) for Hemorrhage Control*〉 AANA Journal, 81, 6 (2013)
14. 〈*Coagulopathies in systemic autoimmune disease*〉 대한내과학회지, 제75권, 2호 (2008)
15. 〈*High performance resorbable composites for load-bearing bone fixation devices*〉 Journal of the mechanical behavior of biomedical materials, 81, p1-9 (2018)
16. 〈자연모사 표면을 이용한 공기 중 수분 수집 기술동향〉 한국환경산업기술원
17. 〈과학 교과서, 영화에 딴지 걸다〉 푸른숲주니어
18. 〈재미난 화학 이야기〉 전파과학사
19. 〈*A novel property of spider silk: chemical defence against ants*〉

Proceedings of the royal society B: Biological Science, 279, 1734, p1824-1830 (2011)

20. 〈생분해성 섬유의 개발과 전망〉 한국과학기술정보연구원 (2011)
21. 〈폐플라스틱과 환경〉 푸른길, 2000
22. 〈산업섬유소재 이론과 실제〉 전남대학교 출판부, 2007
23. 〈생분해성 고분자〉 전남대학교 출판부, 2003
24. 〈소재산업 value chain 분석 및 기술 수준 조사(섬유소재산업)〉 한국산업기술평가관리원, 2011
25. 〈생분해성 소재 기술 개발 동향〉 한국과학기술정보연구원 (2004)
26. 〈*Poly(lactic acid): plasticization and properties of biodegradable multiphase systems*〉 Polymer, 42, 6209 (2001)
27. 〈수중 침지식 생분해성 PBSAT 그물 열처리기 개발과 성능 분석〉 수산해양기술연구, 51, 1 (2015)
28. 〈생분해, 산화생분해, 바이오 베이스 플라스틱의 세계 주요 국가 인증마크 및 규격기준 동향〉 Clean technology, 21, 1, p1-11 (2015)
29. 〈생분해 수지 제품(EL724: 2016)〉 환경부
30. 〈마블 스파이더맨 백과사전〉 시공사
31. 〈*Digitally tunable physicochemical coding of material composition and topography in continuous microfibers*〉 Nature Materials, 10, p877-883 (2011)
32. 〈해조류로부터 추출된 알긴산을 이용한 생고분자 산업소재 개발〉 연세대학교, 농림수산식품부 (2010)

33. 〈*Alginate: properties and biomedical applications*〉 Progress in polymer science, 37, 1, p106-126 (2016)

34. 〈*Degradation of partially oxidized alginate and its potential application for tissue engineering*〉 Biotechnology progress, 17, 5, p945-950 (2001)

35. 〈*Controlling mechanical and swelling properties of alginate hydrogels independently by crosslinker type and crosslinking density*〉 Macromolecules, 33, 1, p4291-4294 (2000)

36. 〈*Secondary and tertiary structures of polysaccharides in solutions and gels*〉 Angewandte Chemie International Edition in English, 16, 4, p214-224 (1977)

37. 〈*Spiderweb deformation induced by electrostatically charged insects*〉 Scientific Reports volume 3, Article number: 2108 (2013)

38. 〈*What forces are responsible for the stickiness of spider cribellar threads?*〉 J. Exp. Zool. 265, p469-476 (1993)

39. 〈*The spinning apparatus of Uloboridae in relation to the structure and construction of capture threads(Arachnida, Araneida)*〉 Zoomorphology 104, p96-104 (1984)

40. 〈*Do static electric forces contribute to the stickiness of a spider's cribellar prey capture threads?*〉 J. Exp. Zool. 273, p186-189 (1995)

41. 〈*Thread biomechanics in the two orb-weaving spiders Araneus diadematus (Araneae, Araneidae) and Uloboris walckenaerius(Araneae, Uloboridae)*〉 J. Exp. Zool. 271, p1-17 (1995)

42. 〈*Nonlinear material behaviour of spider silk yields robust webs*〉 Nature, 482, p72–76 (2012)

43. 〈*The contribution of atmospheric water vapour to the formation and efficiency of a spider's capture web*〉 Proc. Roy. Soc. London 248, p45–148 (1992)

44. 〈*Compounds in the droplets of the orb spider's viscid spiral*〉 Nature 345, p526–528 (1990)

45. 〈*Structural engineering of an orb-spider's web*〉 Nature 373, p146–148 (1995)

46. 〈*Insect attraction to ultraviolet reflecting spider webs and web decorations*〉 Ecology 71, p616–623 (1990)

47. 〈*Effect of spider orb web and insect oscillations on prey interception*〉 J. Theor. Biol. 115, p201–211 (1985)

48. 〈*An observational study of ballooning in large spiders: Nanoscale multifibers enable large spiders' soaring flight*〉 PLOS biology, 16, 6 (2018)

49. 〈*Peculiar torsion dynamical response of spider dragline silk*〉 Appl. Phys. Lett. 111, 013701 (2017)

50. 〈*A polydimethylsiloxane-coated metal structure for all-day radiative cooling*〉 Nature Sustainability, 2, p718–724 (2019)

51. 〈*Hierarchical architecture of spider attachment setae reconstructed from scanning nanofocus X-ray diffraction data*〉 The Journal of the Royal

Society Interface, J R Soc Interface, 16, 150 (2019)

52. 〈깡충거미 표면 접착장치의 미세구조 분석〉 한국현미경학회지 제39권 제2호 (2009)

53. 〈*Biology of Spiders (2nd ed.)*〉 Oxford Univ Press, London (1996)

54. 〈*Adhesive hairs in spiders: behavioral functions and hydraulically mediated movement*〉 Symp Zool Soc Lond 42 : p99-108 (1978)

55. 〈*The pretarsus of salticid spiders*〉 Zool J Linn Soc Lond 60 : p319-338 (1977)

56. 〈발명상식사전〉 박문각 (2012)

57. 〈생체모방을 이용한 스마트 건식접착 필름 제작 및 응용〉 Polymer Science and Technology, 22, 3 (2011)

58. 〈*Evidence for van der Waals adhesion in gecko setae*〉 P.N.A.S., 99, 12252 (2002)

59. 〈*Nanohairs and nanotubes: Efficient structural elements for gecko-inspired artificial dry adhesives*〉 Nano Today, 4, 4, p335-346 (2009)

60. 〈*Carbon nanotube arrays with strong shear binding-on and easy normal lifting-off*〉 Science, 322, 5899, p238-242 (2008)

61. 〈*Hybrid core-shell nanowire forests as self-selective chemical connectors*〉 Nano Lett. 9, 5 p2054-2058 (2009)

62. 〈*Stretched Polymer Nanohairs by Nanodrawing*〉 Nano Lett. 6, 7, p1508-1513 (2006)

63. 〈*Stooped nanohairs: geometry-controllable, unidirectional, reversible,*

and robust gecko-like dry adhesive〉 Advanced Materials 21, 22, p2276-2281 (2009)

64. 〈*In situ poly(urea-formaldehyde) microencapsulation of dicyclopentadiene*〉 Journal of microencapsulation, 20, 6, p719-730 (2003)

65. 〈*Tough and Water-Insensitive Self-Healing Elastomer for Robust Electronic Skin*〉 Advanced Materials, 30, 1706846 (2018)

66. 〈*An ultrastretchable and selfhealable nanocomposite conductor enabled by autonomously percolative electrical pathways*〉 ACS nano, 13, 6, p6531-6539 (2019)

푸른들녘 인문·교양 시리즈

인문·교양의 다양한 주제들을 폭넓고 섬세하게 바라보는 〈푸른들녘 인문·교양〉 시리즈. 일상에서 만나는 다양한 주제들을 통해 사람의 이야기를 들여다본다. '앎이 녹아든 삶'을 지향하는 이 시리즈는 주변의 구체적인 사물과 현상에서 출발하여 문화·정치·경제·철학·사회·예술·역사 등 다방면의 영역으로 생각을 확대할 수 있도록 구성되었다. 독특하고 풍미 넘치는 인문·교양의 향연으로 여러분을 초대한다.

2014 한국출판문화산업진흥원 청소년 권장도서 | 2014 대한출판문화협회 청소년 교양도서

001 옷장에서 나온 인문학

이민정 지음 | 240쪽

옷장 속에는 우리가 미처 눈치 채지 못한 인문학과 사회학적 지식이 가득 들어 있다. 옷은 세계 곳곳에서 벌어지는 사건과 사람의 이야기를 담은 이 세상의 축소판이다. 패스트패션, 명품, 부르카, 모피 등등 다양한 옷을 통해 인문학을 만나자.

2014 한국출판문화산업진흥원 청소년 권장도서 | 2015 세종우수도서

002 집에 들어온 인문학

서윤영 지음 | 248쪽

집은 사회의 흐름을 은밀하게 주도하는 보이지 않는 손이다. 단독주택과 아파트, 원룸과 고시원까지, 겉으로 드러나지 않는 집의 속사정을 꼼꼼히 들여다보면 어느덧 우리 옆에 와 있는 인문학의 세계에 성큼 들어서게 될 것이다.

2014 한국출판문화산업진흥원 청소년 권장도서

003 책상을 떠난 철학

이현영 · 장기혁 · 신아연 지음 | 256쪽

철학은 거창한 게 아니다. 책을 통해서만 즐길 수 있는 박제된 사상도 아니다. 언제 어디서나 부딪힐 수 있는 다양한 고민에 질문을 던지고, 이에 대한 답을 스스로 찾아가는 과정이 바로 철학이다. 이 책은 그 여정에 함께할 믿음직한 나침반이다.

2015 세종우수도서

004 우리말 밭다리걸기

나윤정 · 김주동 지음 | 240쪽

우리말을 정확하게 사용하는 사람은 얼마나 될까? 이 책은 일상에서 실수하기 쉬운 잘못들을 꼭 집어내어 바른 쓰임과 연결해주고, 까다로운 어법과 맞춤법을 깨알 같은 재미로 분석해주는 대한민국 사람을 위한 교양 필독서다.

2014 한국출판문화산업진흥원 청소년 권장도서

005 내 친구 톨스토이

박홍규 지음 | 344쪽

톨스토이는 누구보다 삐딱한 반항아였고, 솔직하고 인간적이며 자유로웠던 사람이다. 자유·자연·자치의 삶을 온몸으로 추구했던 거인이다. 시대의 오류와 통념에 정면으로 맞선 반항아 톨스토이의 진짜 삶과 문학을 만나보자.

006 걸리버를 따라서, 스위프트를 찾아서

박홍규 지음 | 348쪽

인간과 문명 비판의 정수를 느끼고 싶다면《걸리버 여행기》를 벗하라! 그러나《걸리버 여행기》를 제대로 이해하고 싶다면 이 책을 읽어라! 18세기에 쓰인《걸리버 여행기》가 21세기 오늘을 살아가는 우리에게 어떻게 적용되는지 따라가보자.

007 까칠한 정치, 우직한 법을 만나다

승지홍 지음 | 440쪽

"법과 정치에 관련된 여러 내용들이 어떤 식으로 연결망을 이루는지, 일상과 어떻게 관계를 맺고 있는지 알려주는 교양서! 정치 기사와 뉴스가 쉽게 이해되고, 법정 드라마 감상이 만만해지는 인문 교양 지식의 종합선물세트!

008/009 청년을 위한 세계사 강의 1, 2

모지현 지음 | 각 권 450쪽 내외

역사는 인류가 지금까지 움직여온 법칙을 보여주고 흘러갈 방향을 예측하게 해주는 지혜의 보고(寶庫)다. 인류 문명의 시원 서아시아에서 시작하여 분쟁 지역 현대 서아시아로 돌아오는 신개념 한 바퀴 세계사를 읽는다.

010 망치를 든 철학자 니체 vs. 불꽃을 품은 철학자 포이어바흐

강대석 지음 | 184쪽

유물론의 아버지 포이어바흐와 실존주의 선구자 니체가 한판 붙는다면? 박제된 세상을 겨냥한 철학자들의 돌직구와 섹시한 그들의 뇌구조 커밍아웃! 무릉도원의 실제 무대인 중국 장가계에서 펼쳐지는 까칠하고 직설적인 철학 공개토론에 참석해보자!

011 맨 처음 성性 인문학

박홍규 · 최재목 · 김경천 지음 | 328쪽

대학에서 인문학을 가르치는 교수와 현장에서 청소년 성 문제를 다루었던 변호사가 한마음으로 집필한 책. 동서양 사상사와 법률 이야기를 바탕으로 누구나 알지만 아무도 몰랐던 성 이야기를 흥미롭게 풀어낸 독보적인 책이다.

012 가거라 용감하게, 아들아!

박홍규 지음 | 384쪽

지식인의 초상 루쉰의 삶과 문학을 깊이 파보는 책. 문학 교과서에 소개된 루쉰, 중국사에 등장하는 루쉰의 모습은 반쪽에 불과하다. 지식인 루쉰의 삶과 작품을 온전히 이해하고 싶다면 이 책을 먼저 읽어라!!

013 태초에 행동이 있었다

박홍규 지음 | 400쪽

인생아 내가 간다, 길을 비켜라! 각자의 운명은 스스로 개척하는 것! 근대 소설의 효시, 머뭇거리는 청춘에게 거울이 되어줄 유쾌한 고전, 흔들리는 사회에 명쾌한 방향을 제시해줄 지혜로운 키잡이 세르반테스의 『돈키호테』를 함께 읽는다!

014 세상과 통하는 철학

이현영 · 장기혁 · 신아연 지음 | 256쪽

요즘 우리나라를 '헬 조선'이라 일컫고 청년들을 'N포 세대'라 부르는데, 어떻게 살아야 되는 걸까? 과학 기술이 발달하면 우리는 정말 더 행복한 삶을 살 수 있을까? 가장 실용적인 학문인 철학에 다가서는 즐거운 여정에 참여해보자.

015 명언 철학사

강대석 지음 | 400쪽

21세기를 살아갈 청년들이 반드시 읽어야 할 교양 철학사. 철학 고수가 엄선한 사상가 62명의 명언을 통해 서양 철학사의 흐름과 논점, 쟁점을 한눈에 꿰뚫어본다. 철학 및 인문학 초보자들에게 흥미롭고 유용한 인문학 나침반이 될 것이다.

016 청와대는 건물 이름이 아니다

정승원 지음 | 272쪽

재미와 쓸모를 동시에 잡은 기호학 입문서. 언어로 대표되는 기호는 직접적인 의미 외에 비유적이고 간접적인 의미를 내포한다. 따라서 기호가 사용되는 현상의 숨은 뜻과 상징성, 진의를 이해하려면 일상적으로 통용되는 기호의 참뜻을 알아야 한다.

2018 책따세 여름방학 추천도서

017 내가 사랑한 수학자들

박형주 지음 | 208쪽

20세기에 활약했던 다양한 개성을 지닌 수학자들을 통해 '인간의 얼굴을 한 수학'을 그린 책. 그들이 수학을 기반으로 어떻게 과학기술을 발전시켰는지, 인류사의 흐름을 어떻게 긍정적으로 변화시켰는지 보여주는 교양 필독서다.

018 루소와 볼테르 인류의 진보적 혁명을 논하다

강대석 지음 | 232쪽

볼테르와 루소의 논쟁을 토대로 "무엇이 인류의 행복을 증진할까?", "인간의 불평등은 어디서 기원하는가?", "참된 신앙이란 무엇인가?", "교육의 본질은 무엇인가?", "역사를 연구하는 데 철학이 꼭 필요한가?" 등의 문제에 대한 답을 찾는다.

019 제우스는 죽었다 그리스로마 신화 파격적으로 읽기

박홍규 지음 | 416쪽

그리스 신화에 등장하는 시기와 질투, 폭력과 독재, 파괴와 침략, 지배와 피지배 구조, 이방의 존재들을 괴물로 치부하여 처단하는 행태에 의문을 품고 출발, 종래의 무분별한 수용을 비판하면서 신화에 담긴 3중 차별 구조를 들춰보는 새로운 시도.

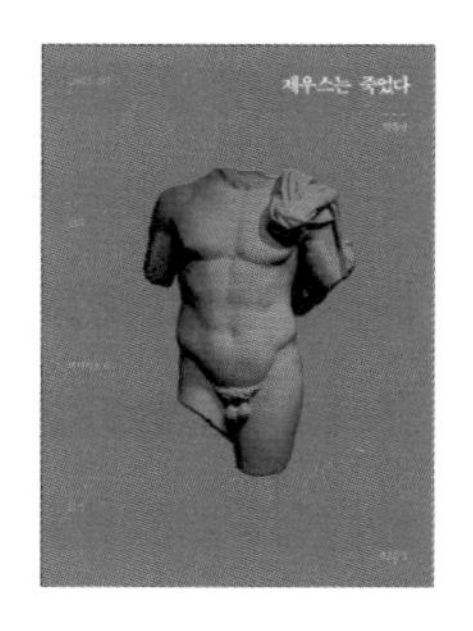

020 존재의 제자리 찾기 청춘을 위한 현상학 강의

박영규 지음 | 200쪽

현상학은 세상의 존재에 대해 섬세히 들여다보는 학문이다. 어려운 용어로 가득한 것 같지만 실은 어떤 삶의 태도를 갖추고 어떻게 사유해야 할지 알려주는 학문이다. 이 책을 통해 존재에 다가서고 세상을 이해하는 길을 찾아보자.

2018 세종우수도서(교양부문)

021 코르셋과 고래뼈

이민정 지음 | 312쪽

한 시대를 특징 짓는 패션 아이템과 그에 얽힌 다양한 이야기를 풀어낸다. 생태와 인간, 사회 시스템의 변화, 신체 특정 부위의 노출, 미의 기준, 여성의 지위에 대한 인식, 인종 혹은 계급의 문제 등을 복식 아이템과 연결하여 흥미롭게 다뤘다.

2018 세종우수도서

022 불편한 인권

박홍규 지음 | 456쪽

저자가 성장 과정에서 겪었던 인권탄압 경험을 바탕으로 인류의 인권이 증진되어온 과정을 시대별로 살핀다. 대한민국의 헌법을 세세하게 들여다보며, 우리가 과연 제대로 된 인권을 보장받고 살아가고 있는지 탐구한다.

023 노트의 품격

이재영 지음 | 272쪽

'역사가 기억하는 위대함, 한 인간이 성취하는 비범함'이란 결국 '개인과 사회에 대한 깊은 성찰'에서 비롯된다는 것, 그리고 그 바탕에는 지속적이며 내밀한 글쓰기 있었음을 보여주는 책.

024 검은물잠자리는 사랑을 그린다

송국 지음, 장신희 그림 | 280쪽

곤충의 생태를 생태화와 생태시로 소개하고, '곤충의 일생'을 통해 곤충의 생태가 인간의 삶과 어떤 지점에서 비교되는지 탐색한다.

2019 한국출판문화산업진흥원 9월의 추천도서 | 2019 책따세 여름방학 추천도서

025 헌법수업 말랑하고 정의로운 영혼을 위한

신주영 지음 | 324쪽

'대중이 이해하기 쉬운 언어'로 법의 생태를 설명해온 가슴 따뜻한 20년차 변호사 신주영이 청소년들을 대상으로 헌법을 이야기한다. 우리에게 가장 중요한 권리, 즉 '인간을 인간으로서 살게 해주는 데, 인간을 인간답게 살게 해주는 데' 반드시 요구되는 인간의 존엄성과 기본권을 명시해놓은 '법 중의 법'으로서의 헌법을 강조한다.

026 아동인권 존중받고 존중하는 영혼을 위한

김희진 지음 | 240쪽

세계인권선언과 유엔아동권리협약이라는 국제사회의 합의 내용을 근거로 하여, 베이비박스, 학생인권조례 등 아동과 관련된 사회적 이슈를 아동 중심의 관점으로 접근하고 아동을 위한 방향성을 모색한다. 소년사법, 청소년 참정권 등 최근 우리 사회에서 뜨거운 화두가 되고 있는 주제에 대해서도 '아동 최상의 이익'이라는 일관된 원칙에 입각하여 논지를 전개한 책.

027 카뮈와 사르트르 반항과 자유를 역설하다

강대석 지음 | 224쪽

카뮈와 사르트르는 공산주의자들과 협력하기도 했고 맑스주의를 비판하기도 했다. 그러므로 이들의 공통된 이념과 상반된 이념이 무엇이며 이들의 철학과 맑스주의가 어떤 관계에 있는가를 규명하는 것은 현대 철학을 이해하는 데 매우 중요한 열쇠가 될 것이다. 카뮈와 사르트르는 역사의 뒤편으로 사라졌지만, 이들의 사상은 여전히 살아 숨 쉰다! 21세기 한반도를 살아가는 청년들에게 이들의 철학이 주는 메시지는 무엇인가?

028 스코 박사의 과학으로 읽는 역사유물 탐험기

스코박사(권태균) 지음 | 272쪽

우리 역사 유물 열네 가지에 숨어 있는 과학의 비밀을 풀어낸 융합 교양서. 시공을 초월하는 문화유산을 탄생시킨 과학적 원리에 대해 '왜?'라고 묻고 '어떻게?'를 탐구한 성과를 모은 이 책은 인문학의 창으로 탐구하던 역사를 과학이라는 정밀한 도구로 분석한 신선한 작업이다. "여기에 이런 과학이!"라면서 아하 체험을 할 수 있는 점, 읽는 재미를 더해주는 삽화와 생소한 과학 개념어를 설명한 팁박스, 조미료처럼 들어간 당대 주변국 이야기는 덤.

2015 우수출판콘텐츠 지원사업 선정작

029 케미가 기가 막혀

이희나 지음 | 264쪽

유명 화학자들의 실험과 그들의 이론을 일상의 예를 들어 설명하고 학생들이 집, 혹은 학교 실험실에서 간단하게 해볼 수 있는 실험들로 내용을 꾸몄다. 단순히 실험으로만 끝난다고 생각하면 오산이다. 실험 결과를 알기 쉽게 풀어 설명하고 왜 그런 현상이 일어나는지, 실생활에서 어떻게 활용할 수 있는지, 친밀한 예를 곁들여 화학 원리의 이해를 돕는다. 학생뿐 아니라 평소 과학에 관심이 많았던 독자들의 교양서로도 충분히 활용할 수 있다.

030 조기의 한국사

정명섭 지음 | 308쪽

크기도 맛도 평범했던 조기가 위로는 왕의 사랑을, 아래로는 백성의 애정을 듬뿍 받게 되었던 진짜 이유를 밝히고, 바다 위에 장이 설 정도로 수확이 왕성했던 그때 그 시절의 이야기를 중심으로 우리 바다와 조기에 얽힌 생태, 역사, 문화를 둘러보는 흥미로운 저작이다. 조기의 탄생부터 회귀, 산란, 이동경로 변경 등 조기의 생존전략을 소개하는 동시에 사후 굴비로 변신하는 과정에 이르기까지 조기의 전 생애를 톺아보는 '조기에 대한 거의 모든 이야기'.